ものと人間の文化史

150

# 井戸

秋田裕毅
（大橋信弥編）

法政大学出版局

# はじめに

## 朝顔に釣瓶とられてもらい水

ある朝、洗顔のために井戸の水を汲もうとしたところ、どこから這い上がってきたのか、一本の朝顔が、釣瓶に巻きついていた。はかない生命の朝顔を不憫に思った作者・加賀千代は、水を汲むのをあきらめ、近所の井戸で水をもらった。これが、この俳句の大意である。この句には井戸の語はどこにもでてこないが、釣瓶といえば井戸の水を汲む容器を指すことから、なにも説明しなくともそれだけで井戸を意味したのである。

水道の蛇口をひねれば勢いよく水が出てくる現代社会において、このような詩情あふれる光景は、はるかかなたの夢物語となってしまった。人びとの暮らしをささえ、女性たちの社交の場ともなった井戸の姿を、現代の若者たちはどれほど知っているのであろうか。テレビの時代劇やマンガなどで知っていたとしても、実際に井戸を覗き込み、顔を映したり、釣瓶で水を汲んだ経験のある若者はほとんどいないであろう。いや五〇代・六〇代の人でも、農村出身の人は別にして、都会で育って井戸を使用した人は案外少ないのではなかろうか。

私は、京都の東方に連なる東山三十六峰と呼ばれる連山の最南端・稲荷山の麓、伏見稲荷大社のすぐそばに住んでいた。隣近所には、わが家を含めて数軒の借家があった。その一画に、一つの大きな井戸が掘られていた。井戸のかたわらには水道が引かれ、流しが設けられていた。いわゆる井戸枠はコンクリートで固められ、井戸の淵（内側）には苔がこびりついていたから、すでに私が生まれる前から飲料水としては用いられず、洗い物や庭に水を撒いたり、ときにはスイカを冷やすなど雑用水のための井戸として用いられていたようである。井戸には、井戸屋形と呼んでもよいほどの広い屋根と板塀が巡らされ、その下で洗濯もできるようになっていた。したがって、雨が降っても井戸のなかに雨水は入らず、水が濁ることもあまりなかったが、大雨や長雨などのあとは水位が上昇し、泥を含んだように濁ることはあった。

井戸の真上の屋根には滑車が吊り下げられ、丈夫な縄が掛けられていた。縄の先端には釣瓶が取り付けられて水を汲むようになっていた。釣瓶のくわしい形態は忘れてしまったが、四隅を鉄金具で止めた丈夫な木枠でできていたように記憶している。夏など水位の低いときに、その釣瓶を、ガラガラバッチャンと井戸のなかに思い切り落としたときに発する音と水しぶきは、子供心にも一種の爽快感を感じさせるものであり、最高の遊びでもあった。木枠の釣瓶は水に沈まないため、そのままでは水

現在も使用されている井戸（近江商人・外村宇兵衛邸）

は汲めなかった。水を汲むためには、縄を操りながら釣瓶を斜めにして水を入れ、水面下に沈ませる必要があった。そうして縄を引いて引き上げるのであるが、釣瓶に水が一杯入ると結構重く、子供にはかなりの力仕事であった。汲み上げた水をバケツに移し、ヒシャクで植木や路地の石畳に水を撒くのが夏の私の日課だった。

農村出身の人は、井戸といえばスイカを冷やした話をよく口にするが、敗戦直後の食糧のない時節、たまに食べる井戸で冷やしたスイカは、冷蔵庫で冷やしたいまのスイカよりも、はるかに美味しかったように思う。

京都の家には、食べ物を調理する流しと、洗濯などをする洗い場の二か所があった。朝起きて顔を洗うのは洗い場であった。ところが、その洗い場は、昔の家のこととて、屋内とは名ばかりで、屋根と目隠しの仕切り戸があるだけで、屋外とはつうつうの場所であった。夏は涼しくて気にならないが、風の吹く冬の寒い時期は、底冷えの京都というように、とりわけ身にしみた。その寒さのなかで、凍らんばかりの水道水で顔を洗うのだから、まるで修行僧の気分であった。私は、その寒さと冷たさにがまんできず、冬は歯も磨かず、ときには顔も洗わずに学校に行くことがしばしばあった。

井戸水は、一年を通じて摂氏一七度前後で、夏は冷たく、冬は暖かいといわれるが、それを実感したのは、結婚して安土（滋賀県安土町）に家を構え、地下水を飲料水に使用するようになってからである。京都の家にも井戸はあったが、家から少し離れていたうえ、飲料水でなかったため、冬はほとんど井戸水を使うことはなく、水道水と井戸水との温度差など知るよしもなかった。

高度成長期を迎え、京都の町にもスモッグが漂い、霞がかかったように空がどんよりとするようになった頃、私は住み慣れた京都深草（伏見区）の地を離れ、織田信長が天下統一のシンボルとして、豪壮な天主をもつ城をはじめて築いた滋賀県の安土に移り住んだ。安土町内は、地区によって違いがあったが、私の住む地区では良質の地下水が比較的容易に得られることもあって簡易水道はなく、すべての家が電動ポンプで地下水を汲み上げて飲料水に使っていた。水道はいずれ敷設されることになっていたので、万一の場合、水道も使用できるように電動ポンプを設置した。地下水ばかり使っていると水温や臭いなどはまったく気にならないが、たまに京都や大津にでかけて水道を使うと、あまりの違いにとまどうことがしばしばあった。とりわけ冬の水道水の冷たさは、身を切られるようでとても堪えられなかったし、今もそうである。琵琶湖の水質汚染が進んでからは水道水はまずくなり、出

現在も使用されている井戸（近江商人・藤井彦四郎邸）

されたお茶でもほとんど口にすることはなかった。このようなとき、水道水と地下水の差をあらためて痛感するのであった。私はかつて大津に勤務していたが、水道水の臭いが我慢できず、毎日、麦茶を入れたポットを携帯して飲んでいた。

ある日、わが家の地下水を汲みあげるポンプが故障し、水道を使用することになった。水道に切り替えた最初の日、風呂に入ろうとして風呂場の戸を開けた途端、カルキ（塩素）の臭いが顔全体にワッーと押し寄せ、あらためて水道水が殺菌されたきわめて清浄な飲料水であることを確認した。ときどき新聞などで地下水の汚染が報道されるので、わが家の地下水も保健所で検査してもらうことがあるが、大腸菌が少し多いぐらいで、できれば煮沸して飲用するようにと注意される程度である。潔癖症の人ならば、大腸菌が多いと聞いただけで不潔と判断して水道に切り替えるかもしれないが、これから述べるわが国の井戸の実態や、世界各地の飲み水の実情を考えると、あまり神経質にならないほうがよいのではないかと思い、いまだその地下水を時には生水で飲んでいる。

日常的に地下水を使用していると、めったに地下水の温度差を感じることはないが、一年のあるときだけ感じることがある。それは、金木犀の花の咲く九月下旬〜一〇月上旬の少し冷えた朝である。ひんやりとした空気の漂うその朝、顔を洗おうと蛇口から出る水を両手で受けた瞬間、「暖かい」と感じるのである。水が暖かい、それはとりもなおさず外気温が地下水温よりも低くなったことを意味している。夏が過ぎ、秋が到来したことを地下水が教えてくれる一瞬である。私は、その水温の変化に新しい生命をもらったような気になり、爽快な気分にひたるのであった。

琵琶湖といえば、いまでは滋賀県内だけでなく、京都や大阪に住む人びとの水道の源水として重要な役割を果たしている。しかし、琵琶湖の水質は年々悪化し、水道事業に携わる人びとは、飲料水としての質のみならず味や臭いにも配慮せねばならず、悪戦苦闘されているようである。私が小学生の頃、叔父とその友人と一緒に琵琶湖によく魚釣りに行った。あるとき叔父の友人が、浜大津港の水を、水面に浮く油を手で軽くはらいながら両手で掬って飲む光景に出くわした。私が「おっちゃん、どうもないのか？」と思わず問いただしたところ、その人は「油さえ払えば下の水はきれいなもんや」といって平気で水を飲んでいたのをいまでもはっきりと覚えている。私は、油の浮いている水を飲んだことに驚いたのであるが、いまから考えてみれば、五〇年近く前の琵琶湖の水はたとえ油が浮いていても、湖のほとりに住む人にとってはそのまま飲料水になるほど清浄であったのだろう。琵琶湖の水質が云々されるたびに、私はこのときの光景を思い出す。

現在、私は日本人のカミ観念を研究するため、日本各地の山を駆け巡っている。奈良県の大峰山に登ったとき、登山基地ともいえる洞川という集落に宿泊した。山に登る前に見学しておきたい洞窟があったので、宿に荷物を預け、目的地に向かってブラリブラリと歩いていった。すると、人家も途絶えた山のなかに、なにか工場のような建物がみえた。こんな山の中でいったいなにをつくっているのだろうと、建物の入口の看板をみると、なんと飲料水をつくっている。正確にいえば、名水百選にえらばれたゴロゴロ水という湧泉の水をペットボトルに詰め替え、ミネラルウォーターを製造（？）している施設なのである。日頃地下水を飲んでミネラルウォーターなどに関心のなかった私には、水を販売するなど信じられないことであった。それにしても元手のいらないよい商売だと、妙に感心してしまった。洞川にはもう一か所、名水百選に指定された湧泉があるが、そこでもミネラルウォーターをつくっていた。水の湧くゴロゴロ水には、何人もの人がポリタンクをもって水を汲みにきていた。人びとの水道に対する不信感と健康志向の強さを改めて認識させられる光景であった。それにしてもポリタンクに水を入れると、プラスチック（樹脂）の臭いは移らないのであろうか。臭いには少なからず敏感な私には、少し気にかかることであった。源泉の水をあくまでも飲料水として飲むならば、臭いの付かない陶器やガラスの容器にすべきではないかと、いささかおせっかい気味にその光景をながめた。

本書の執筆の依頼を受けたとき、井戸というテーマだけで、はたして一冊の本にまとまるのかどうかという不安がよぎった。発掘報告書などで個々に井戸の考察はなされているが、それはあくまでも発掘された年代や構造・埋井の祭祀にかかわる考察であって、井戸を総体としてとらえたものではなかったためである。図書館で『井戸』という書名を冠する書籍を検索しても、出版されているのは、『日本上代井の研究』(1)・『井戸と水道の話』(2)・『井戸の研究』(3)・『井戸の考古学』(4)のわずか四冊しかない。一冊目は、上代井と時期を限定しているように、井戸が出現する弥生時代から奈良・平安時代までの井戸についての研究書である。二冊目は、「水道の話」とあるように、江戸時代以降の上水（水道）にスペースの半分以上が割かれている。三冊目が文献や民俗例、発掘資料などをもとに井戸を総体としてとりあげた研究書、四冊目は実際に発掘調査に携わる埋蔵文化財の技師が最新の発掘成果をもとに考古学的観点から井戸の実態に迫らんとした本である。いずれにしても、このような出版状況からも知られるように、出現期から江戸時代の上水に至るまでの約二〇〇〇年間の井戸を、構造の変遷や埋井に関する祭祀、民間伝承、文献資料などさまざまな観点から総体としてとらえ、一冊の書籍にまとめることは、きわめて困難な作業なのである。

私に井戸の執筆の依頼があったのは、前著『下駄――神のはきもの』(5)で、下駄と井戸の関係を考察したり、かつて井戸の展覧会を企画したことが(6)法政大学出版局の編集者の目にとまったためのようだが、どのようにすれば一冊の書籍にまとめられるのか、なかなかその構想を描くことはできなかった。あれこれ思案をかさねているうち、子供の頃の思い出や、地下水と水道水の水温の差、今なお地下水を水道水の水源にしたり、谷の水を飲料水に使用している実態、湧水をミネラルウォーターとして販売したり、名水と呼ばれる湧水をポリタンクに汲んで健康のためといって飲料水や料理に使う人びと、さらには海洋深層水と称される水のことが連想ゲームのように次々と浮かんできた。そうだ！　井戸という書名ではあるが、井戸という構造物だけにとらわれる必要はないのだ。飲料水は、井戸だけから得ていたわけではない。かつても現在も、もっと多様な水場から得ているのだ。しかも、井戸を含め滝や川、湧き水、池などの水は、現在、私が研究を進めている日本人のカミ観念を解くキーワードのひとつでもある。そう考えると視界が開け、大雑把ながらも執筆の構想が次第にまとまっていった。

本書は書名のとおり、「井戸」をさまざまな観点から考察するものであるが、今も述べたように、その他にも、地下水や湧泉・河川・池・滝・湿原など、自然界に存在する数々の水と水場についても論述し、日本人の水に対する思いを探ってゆきたい。その意味で本書は、水をテーマにしながらも、前著『下駄』とおなじく日本人のカミ観念論といえるかもしれない。その点をあらかじめご了承いただき、お読みいただければ幸いである。

なお、本書で井戸とは、飲料水のほか、調理品・調理具を洗ったり、洗濯や風呂、手洗いに使う水など、もっぱら日常生活に用いる水を得るために開鑿・建造された施設を指す。

（1）日色四郎『日本上代井の研究』日色四郎先生遺稿出版会、一九六七

（2）堀越正雄『井戸と水道の話』論創社、一九八一

（3）山本博『井戸の研究』綜芸舎、一九七〇
（4）鐘方正樹『ものが語る歴史シリーズ8　井戸の考古学』同成社、二〇〇三
（5）秋田裕毅『ものと人間の文化史104　下駄——神のはきもの』法政大学出版局、二〇〇二
（6）滋賀県埋蔵文化財センター『埋もれた文化財の話14　井戸とその祭祀』一九九三

目次

# 第一章　「井戸」の出現

## 一　井戸の定義

### 縄文時代に井戸はなかった？

縄文人が人工的に水を利用した施設としては、低湿地型貯蔵穴、エリ状遺構、水場遺構、集水遺構などが知られている。(1) これらの遺構の機能や形態に大きな違いはないが、研究者によって解釈はやや異なるようである。一般に低湿地型貯蔵穴はドングリやクルミ・クリなどの堅果類を水漬けにして貯蔵する施設であり、水場遺構とはドングリやトチなど、アクを含む堅果類のアク抜きをする水さらし場、あるいは植物繊維を晒したり、木材を浸漬《しんし》（貯木）したりする加工場であり、集水遺構は清浄な水を確保する施設とされている。しかし、発掘された遺構のなかには、丸太を井戸枠状に組んだものや、穴を掘り込んで地下水を得ようとしたものなど、井戸と呼んでも差し支えないような遺構もみられる。(2) これらの遺構を井戸と呼ぶことはできないのであろうか。

現在の考古学では、縄文時代には井戸はなかったとされる。それは、考古学が定義する「地面を湧水層まで掘削し、地下水を獲得するための人工的な土坑《どこう》（穴）、つまりは竪《たて》掘り井戸」に該当する明確な遺構がないためであり、(3) たとえこうした遺構が存在しても、「縄文時代と弥生時代とでは、数と技術革新の早さにおいて、非常に大きな差があり、縄文時代の井戸は、井戸が重要な位置を占める弥生時代以降の井戸の前史」としてしかみなされなかったからである。(4)

考古学の定義に沿う井戸の遺構が、縄文時代一万年間を通じて数か所しか発掘されていない現状では、縄文時代に井戸はなかったとするのもやむをえないのかもしれない。では、なぜ弥生時代になって突然井戸が出現したのか、それははたして飲料水を主とする生活用水を得るために開鑿された井戸なのか、という難問に突きあたる。縄文人は地面を掘って地下水面にあたれば水が湧くことを知らず、そのような知識や技術は稲作が本格的に開始される弥生時代になって朝鮮半島や中国大陸からもたらされたとすれば、縄文時代に井戸がない理由も説明できる。しかし、各種の水場遺構をみると、縄文人も地面を掘れば水が出ることをすでに理解していたと考えざるをえないのである。

滋賀県の縄文時代後期の遺跡は、内陸部の湧泉の周りに立地するようになる。この現象がなにを意味するかは明らかではないが、湧泉の周縁で生活したこと自体、縄文人が地下水の存在を認識し、地面を掘れば水が得られると知っていた証左ではないだろうか。にもかかわらず、縄文人が井戸を開鑿しなかったのは、身近にある谷水や川や湧泉などをもっぱら利用し、井戸を必要としなかったためとみるしかない。ところが、考古学のいうように弥生時代中期中葉に「井戸」が出現したとなると、そ

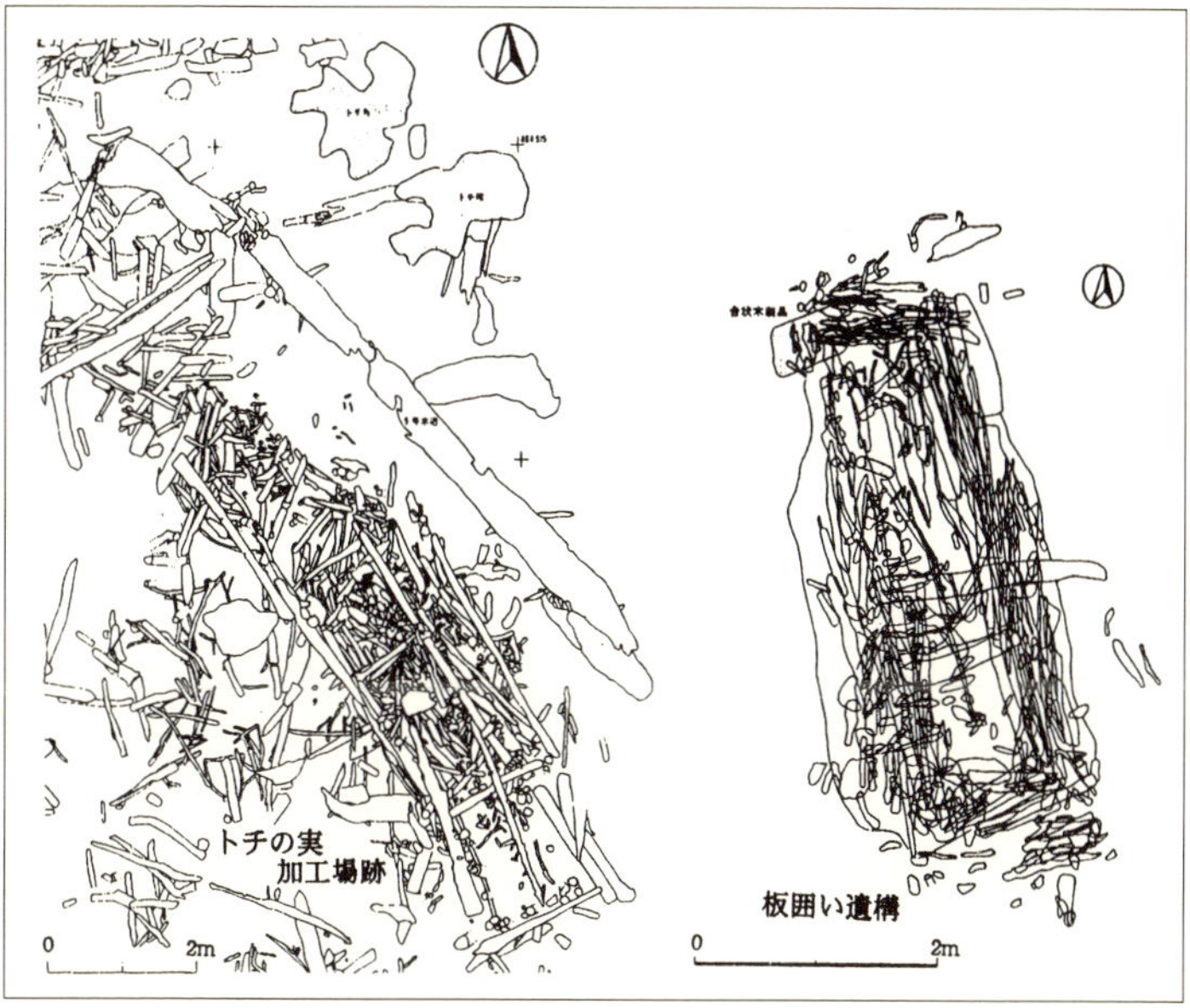


縄文時代の水場遺構実測図（埼玉県赤山陣屋遺跡）

の頃突然水利用のしかたが変化したことになる。これに関してはいくつかの理由が提示されているが、のちに検討するように、それほど説得力のあるものではない。

### 調理との関係

井戸や上水道がなくとも、古来人びとは不自由なく生活を営んできたことは、いまさら述べるまでもない。私の父の郷里は丘陵の裾の谷尻に位置していた。集落からはかなり距離があったため、水道はおろか電気さえ通じておらず、夜はランプで明かりをとっていた。幼い頃のこととてあまりはっきりと覚えてないが、谷に竹樋を伏せて敷地内の一段高い地に掘られた水溜り（コンクリートの桝型のようなもので、なかでは鯉が泳いでいた）まで水を引き込み、あふれた水を飲料水としたり、食物を洗ったりし、調理は屋内でおこなっていたと記憶している。水場と調理場が分かれていたのは、井戸をもたず、河川や湧泉の水を利用していた家では、近年までごくあたりまえのことであった。現在でも私の住む安土では、数の多い出荷用のネギや漬物用のダイコン、少々かさばる洗濯物などは、豊富な水量を誇る近所の湧泉で洗う光景がみられるが、かつては飲料水や調理用の野菜などもここで洗ったり、大雑把な調理をしていたと考えられる。

まな板といえば、かつては木の板に二本の足が付いたものが一般的であるが、農村部ではキリバンと呼ばれる、塵取りのように台形の三方に背の低い板を立て、どちらかの隅に水切りの穴をあけたまな板が使われてきた。まな板は真魚板と書かれるように、本来は真魚箸《まなばし》と呼ばれる丈の長い箸を使って儀式用の魚を料理するために用いられたもので、二本足のついた板状のまな板が日常的に用いられるようになるのは、水場と調理場が一体となった流し（台所）が登場する江戸時代ないしは明治時代以降である。水場から調理場へ食物を運ぶとき、板状のまな板では調理品がころげ落ちる可能性があり、持ち運びには適さないが、塵取り型のまな板は周りが板で囲まれているため、ころげ落ちる心配がなく利便性がきわめて高い。最近、この塵取り型のまな板が、水場と調理場が離れているキャンプなどでアウトドア用品として見直されているようだが、昔の調理方法を考えるうえで興味深い現象である。

この井戸と流しについて、高取正男は、

十王水（彦根市西今町に所在する湧水）

現在われわれが井戸とよんでいるものを、昔は掘井戸という人が多かった。その人たちの間では、井戸とは掘らない井戸で、湧き水のあるところ、地下水の露頭部を少し削り、掘りくぼめた程度のものをさしていた。井戸のイは旧仮名づかいではヰ（ｗｉ）であり、堰（ヰ）のことである。堰とはダムで流れをせきとめた場所をさし、家の近くの小川につくった洗い場を、ヰ（イ）ドバタとよんでいる地方も多い。井戸端は掘井戸の周囲に限らなかったわけである。このほか、井戸をイケとよぶ地方もあるが、イケとはイケル（埋める）という言葉と関係があって、もとは「ためる」という意味で、流れをせきとめて水を溜めたところもイケであり、井戸であった。そして、井戸をイケとよぶ地方では池のことをユツとよんで区別しているし、井戸をカワとよんでいる地方もあるが、そこでは川のほうをカワラ（川原）とよんで両者を区別している。……先に紹介した杉本鉞子女史の『武士の娘』によると、渡米の第一印象のなかに、当時のアメリカ人の家庭ではお湯と石鹸をふんだんに使って食器洗いをしていることがあげられ、日本の家庭ではアメリカ人のように脂っこいものを食べないから、食器は水洗いで十分で、魚を食べたときだけ、お皿を灰で洗うと記されている。こうしたことは、われわれの家庭ではつい最近までみられたが、その水洗いでさえ、内井戸がなければ戸外の井戸端まで食器を持出して洗ったもので、台所のナガシはもともと食器洗いの設備でなく、ほんとうに汁の実や漬物をきざむだけであった。野菜洗いや魚の料理など、水をたくさん必要とする仕事は、すべて戸外の井戸端でするのが通例になっていたといってよい。

と述べている。(5) 流しそのものが、絵巻物などより一三世紀頃に成立したとされることから、それ以前は調理や洗い物はすべて戸外のカワやヰでおこなわれていたのだろう。また白木小三郎も、

「井戸」という言葉は、地方によって、意味が相当異なっているようです。例えば信州の南部、遠山地区などでは、「いど」とは堰水のことで、家の前を流れる溝のふちを「いどばた」といっています。また、井戸のことを「いけ」と呼んでいるところも少なくありませんが、この場合の

「井」は「いける」の「い」で、溜める、貯めるの意のようです。したがって井戸とは、流水を堰き溜めたところで、もともと、井戸も泉も「かわ」(川)と同じ役目と同じ意味に使われていたものだったことが推測されます。

と述べている。(6) 高取と白木の叙述をみると、飲料水などの生活用水は、縄文時代から近代まで基本的に川や井と呼ばれる湧泉や溜井(集水施設)に依存していた。つまり弥生時代中期に、掘り井戸を必要とする社会的変化はなかった。とすると、弥生時代中期中葉以降に出現する〈地面を湧水層まで掘削し地下水を獲得する人工的な坑〉、すなわち井戸と呼ばれる遺構は、はたして飲料水を得るために掘られた井戸なのか、いささか疑問とせざるをえなくなる。

## 権力との関係

民俗学研究者の多くは、一般庶民に掘り井戸が普及しづらかったのは、開鑿する経費が多大であったためとしている。たしかに、深さが何メートルにも及ぶ石組井戸や桶組井戸を一般庶民が個人的に掘るのは大変であるが、何軒か共同で経費を負担すれば、それほど困難ではなかったのではなかろうか。応仁の乱頃の京都で、ある人が路傍に開鑿した井戸を近所の人たちも使わせてもらっていた。ところが井戸が壊れたため、持ち主は使用を禁止した。そこで近所の人たちはしかたなくほかの場所に共同で井戸を開鑿したという話が、『東寺百合文書』と呼ばれる東寺に残された古文書の中にみられ

丸太刳り抜き井戸（大阪府池上曾根遺跡）

る。[7]これなどは、共同で資金を出し合えば、井戸掘りもそれほど困難でなかったことをよく物語っている。共同井戸は、中世だけでなく近世や近代でも都市部を中心に広く普及していたが、何戸かが集まって出資すれば比較的簡単に開鑿できた証である。

一般に、井戸の開鑿や構築には経済力が必要であるとされている。このため原始・古代の井戸については、権力や祭祀とのかかわりで理解されることが多い。たとえば、大阪府和泉市と泉大津市にまたがる池上曾根遺跡には、巨大神殿（？）に付随して直径二メートルを超すクスノキの丸太刳り抜き井戸が設置されているが、これは弥生時代の首長の権力や祭祀権の強さを示す典型的な「井戸」とみなされている。[8]また、時代は下るが、奈良時代の宮都・平城宮の宮内や京内から発掘される井戸は、官衙（役所）や官人・貴族の格式や位

石敷き遺構を持つ井戸（平城京左京一条三坊十三坪）

階によって形式や規模が決まっていたとされる。(9)
しかし、池上曾根遺跡の丸太刳り抜き井戸の性格については後に述べるように異論もあるし、井戸の形態や規模が格式や位階によって決定されていたのは平城に都が置かれていた時期だけで(10)、それ以外の時代にはそのような規範はみられないのである。井戸を権力や権威の表徴とするのは、平城京における井戸のありかたをすべての時代にあてはめた結果である。

私は、井戸が、必ずしも権力や権威を表徴するものではないと考えている。それは、全国の井戸の遺構を見ていく過程で、井戸が検出される遺跡が必ずしも拠点集落や権力の所在地に集中しないこと、形態も歴史的な発展は示すものの全国一様ではなく、地域により異なることなどを知ったためである。たとえば、「弥生時代における有力な首長層の確立や『ムラ』から『クニ』へという原始国家成立の過程を考える上で欠くことの出来ない重要な遺跡である」として[11]、国の特別史跡に指定された佐賀県吉野ケ里遺跡では、弥生時代の集落の遺構が多数発見されているが、「井戸」は一基も見つかっていない[12]。ところが、おなじ地区内では、奈良時代の井戸跡が一〇基も発見されているのである。それも、弥生時代の道具や技術では開鑿できないような深さに地下水面があるわけではなく、他の弥生時代の「井戸」とそれほど変わらない〇・七六〜二・八〇メートルの深さに存在するのである。

吉野ケ里遺跡は、いわゆる邪馬台国時代に百余国あったといわれるクニの一つで、王の住む中心地であったと考えられている遺跡である。そのような重要な遺跡にもかかわらず、弥生時代の「井戸」は一基も発掘されていないのである。もし井戸が権力の象徴として開鑿されたものならば、吉野ケ里遺跡に王は存在していなかったか、いまだ王の居住空間は発掘されていないということになる。ところが、吉野ケ里遺跡に近接する佐賀平野の遺跡では、弥生時代中期中葉から多数の「井戸」が発掘されているのである。吉野ケ里遺跡が王の居住地であるにもかかわらず「井戸」をもたないとなると、少なくとも弥生時代に井戸は権力の象徴ではなかったことになる。おそらく、弥生時代に吉野ケ里遺跡に居住していた人びとは、丘陵地の裾を流れる川や湧泉から飲料水を汲んだり、洗い物をしたりしていたのであろう。

また、池上曽根遺跡の大型井戸についても、発掘担当者の一人は、「手工業生産等に必要な大量の水を恒常的に確保するための共同取水場的施設、さらに、大型建物は手工業生産等における共同作業場的施設や貯蔵倉庫、として評価する見解も成り立つと理解する」[13]と、実利的な施設と解釈している。この説の当否は別として、丸太刳り抜き井戸や神殿とされる大型建物を、短絡的に首長の権力や祭祀権と結びつけて解釈する現在の安易な風潮を批判する見解として、私は評価するものである。

以上より、わが国では、古来、飲料水などの生活用水は、カワ（自然流路・溝・人工水路）に依存しており、地面を掘削して地下水を得る、いわゆる〈井戸〉と呼ばれる施設は、七〜八世紀になって一部の人口密集地（都市）以外ではほとんど建造されなかったことになる。そのため、出現期の井戸とされる弥生時代の土坑《どこう》（地下水面まで掘り込んでいるかどうかを問わない）や、人口密集地以外から検出される「井戸」が、はたして飲料水など生活用水を得るための井戸であったのかどうか、いささか疑問とせざるをえない。とりわけ、出現期の弥生時代の遺構は、考古学研究者のなかでも疑問視する意見があることを考えると、井戸かどうか、い

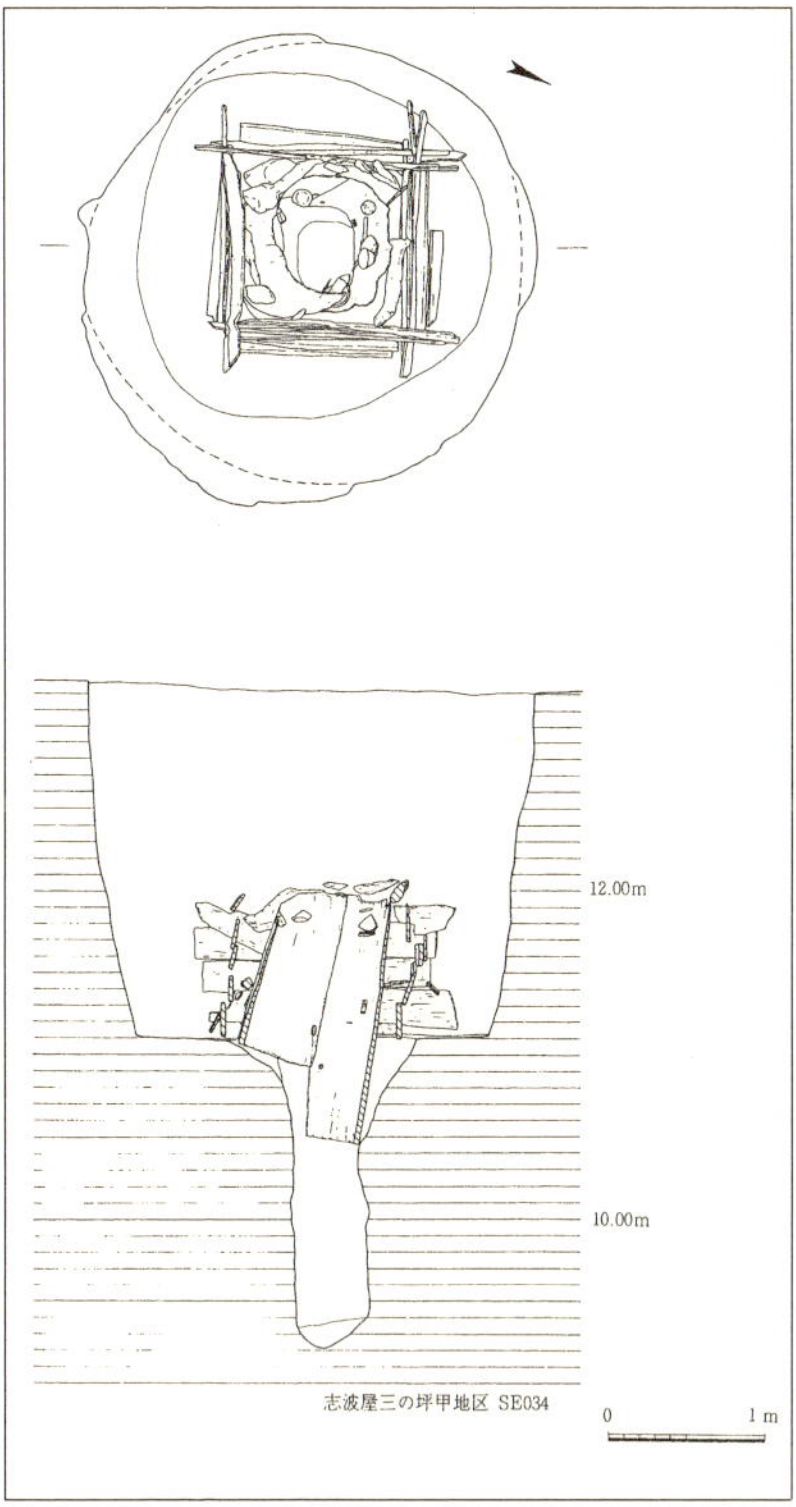

奈良時代の井戸跡実測図（佐賀県吉野ケ里遺跡）

ま一度検討する必要があろう。出現期の「井戸」の再検討、それは、とりもなおさず〈井戸〉をどのように定義するのかという問題でもある。

## 二　開鑿されたわけ

考古学では、弥生時代中期中葉に、地下水面まで掘り込んだ土坑《どこう》（穴）、すなわち〈井戸〉が出現するというのが定説である。しかし、稲作の導入にともなう集落構成の一つの要素として井戸をとらえる研究者は、中国江南地方の影響を受けて弥生時代前期に出現したとする。(14)だが、弥生時代前期の「井戸」(15)は大和で一遺跡、(16)河内で一遺跡(17)というように、皆無に近い。この出土状況では、「井戸」が稲作にともなう集落構成要素として開鑿《かいさく》されたという説はきわめて疑問とせざるをえない。

### 環濠集落の発展

それでは、稲作の開始から数百年も経過した弥生時代中期中葉になって、なぜ「井戸」が開鑿されるようになったのであろうか。「井戸」出現の契機として有力視されているのは、弥生時代中期から発達する環濠《かんごう》集落と呼ばれるムラのまわりに濠をめぐらした遺跡とのかかわりである。環濠は戦闘に備えてめぐらせたとされ、大規模な集落では何重にも濠をめぐらした例も知られている。このように環濠集落は防御性を重視しているため、集落外への出入りが不自由で水の供給に問題があること、ま

環濠集落の全景（神奈川県大塚遺跡）

た、戦闘の際に水を確保するため環濠内に「井戸」を開鑿する必要が生じたことを理由とする[18]。しかし、出現期の「井戸」がすべて環濠集落にあるわけではないし、すべての環濠集落に「井戸」が存在するわけでもない。また、環濠集落が戦闘に備えて形成されたものかどうかも、いまだ見解が分かれている。いずれにしても、環濠の形成と「井戸」の開鑿にとりたてて因果関係は認められず、「井戸」出現の理由とはみなしがたい。

　環濠集落と「井戸」の出現を結びつけるのは、考古学に携わる人びとの、近代以前における水需要の認識に問題があるためと私は考えている。現在では、調理以外に風呂や洗濯・便所・散水などに多量の水を使用するが、風呂は仏教伝来とともに導入されたもので、それ以前は川や溝などで沐浴する程度であった。平安時代に入ると、貴族や武家の邸宅にも風呂が設けられるようになるが、一部の富裕な貴族や武家に限られており、しかもたまにしか沸かさなかったのである。(19)また、奈良時代の官人（写経生）が支給品の衣服の洗濯のために有給休暇を取得していることを考えると、(20)その頃でも衣服を長期間洗濯しない、いわゆる〈着たきり雀〉の状態であった可能性が高い。とすると、水を使用する機会といえば、食事をつくるときぐらいである。ところが律令時代の官人でも干物や乾物・塩漬け・醤《ひしお》漬け・酢の物・味噌和《あ》えなど、(21)水を必要とするような副食はほとんど摂取していないから、奈良時代以前の水利用は、それより少ないことはあっても多くはなかったであろう。「井戸」が開鑿される前は、集落近くの自然流路や溝の水を利用していたことは、先にも述べたとおりである。とするならば、利用量を考えれば、わざわざ「井戸」を開鑿しなくとも、それまでと同じように環濠内や周辺の川や溝の水を使えばよい。古墳時代以降も「井戸」をもたない集落が数多く存在することを勘案すれば、環濠集落でも「井戸」のない時期とおなじように川や溝の水を利用していたと考えるのが妥当である。

### 川の利用からの転換

川や溝ではなく「井戸」を利用するようになったのは、弥生時代から耕地開発が始まり、大雨や長雨が続くと川や溝の水がすぐに濁って使えなくなったからという意見がある。(22)しかし、いくら弥生時代に水田開発が活発だったとしても、それは平野部のごく一部に限られ、中・上流部は人間の手が入らない未開発の自然がそのまま残されていたであろうから、川に泥が流れ込んで濁ったりすることはまずなかったとみてよい。現在でも、周囲の山々に自然林が豊かに残り、河川敷に草や灌木が生い茂っている川では、流域に水田があっても少々の大雨で水が濁ることはほとんどない。地下水についての研究によると、川の上流に森林の広がる場合には、洪水のピーク時においても、水量の大部分は地下水で占められているという。[23] すなわち、流域に森林地帯を有する河川の水は、土や岩石を通過してくるため濁るということはほとんどないのである。

弥生時代の「井戸」には、地表面に土砂の流入を防ぐ施設、いわゆる井桁が設置されていたかどうか明らかでない。藤田三郎は、唐古・鍵遺跡の弥生時代の「井戸」の土壌サンプルを水洗選別し、最下層から上層までさまざまな遺物が含まれていることに注目し、

これら細片の遺物は、井戸に意識的に投下したとは考えられず、井戸周辺の地面に散在していたゴミが雨水の流入とともに入り込んだ結果とみてとれよう。このような遺物の構成は、唐古・鍵遺跡の井戸では一般的である。したがって、井戸には簡易な上部構造を有していたと考えられるものの、大雨時には雨水が流入するような状況であったと考えられる。

と述べている。[24] 現時点では、井桁らしき構造物の発見は、福岡市の比恵遺跡など数例しかなく、[25] 存在しなかったか、存在していても丸太を置いた程度であったと考えられる。とするならば、河川や溝よ

りも、一部の特別な木製の「井戸」を除いて、井戸枠や覆屋のない素掘りの「井戸」のほうが、土砂の流入や井壁の浸食作用・底面の泥の拡散などによって水が濁る確率が高かったのではないだろうか。

「井戸」が開鑿されるようになるいま一つの要因として、それまで利用してきた川や溝が、洪水などによって埋まり、利用できなくなったことが挙げられている。(26) しかし、自然の流水では何十メートルか流路が変化することはあっても、流路そのものが消滅することはなく、少し距離が遠くなる(近くなる場合もある)だけで水そのものは確保されるから、わざわざ「井戸」を開鑿する要因になるとは考えがたい。また、人工的な溝は飲料水を得るためだけに掘られたわけではなく、灌漑用水や集落の排水、洪水(溢水)対策などを兼ねて掘られたものであろうから、どうしても必要であれば改めて別の溝を掘ればよく、そのまま放棄したとしても別の溝や自然流水を利用すれば済むことで、わざわざ「井戸」を開鑿しなければならない理由とはみなしがたい。

### 青銅器の製造

こうした一種の思いつきのような説に対して、比較的実証的な説がある。堀大介は、弥生中期に「井戸」が開鑿されている集落から、擬朝鮮系無文土器と呼ばれる朝鮮半島の影響を受けた土器や青銅器の鋳型が出土することに注目し、朝鮮半島系の渡来人が青銅器やガラスなどを鋳造する手工業用の水を確保するために開鑿したとして、井戸は特に初現期では、生活用水を得ることを目的とした井戸も当然あるといえるが、多くの場合、手工業に係わって発達した可能性があり、若干時期が下れば、低地性多重環濠集落の発達とも関連する可能性が高い。

結局のところ、井戸の成立には、水の必要性が重要であり、飲料水などの生活用水は、井戸から得ることをしなくとも綺麗な水は他にも存在しているわけであり、ここであえて井戸を掘削したのは、手工業生産で利用する水はそれほど綺麗である必要はないと考えられる。しかしあくまで手工業用水が契機となっただけであって中期後葉以降、それ以外の用途で井戸が掘削され、展開していった可能性がある。

また多重化する環濠集落などでは、防御性が増し環濠内で水を得ることが必要となり、手工業用以外に飲料水など生活用水として井戸が掘削されたと考えられる。

と述べている(27)。「井戸」出現の契機にテーマを絞り、データを詳細に収集・分析したこの論考は、「井戸」とは何かを改めて問う、きわめて注目すべき見解である。しかし、「井戸」を開鑿しなければならないほど青銅器の製造に多量の水を必要としたのか、擬朝鮮系土器や青銅器の鋳型が出土しない遺跡での出現期の「井戸」に関する考察の検証が不十分など問題も多く、そのまま容認することはできない。

現在、滋賀県野洲市で銅鐸の復元に取り組んでいる人がおられる。その人のもとに出入りしている埋蔵文化財関係者の話によると、銅鐸の製造過程で水を使用するのは、鋳型をつくる粘土を捏ねるときと、真土《まね》を溶くときくらいで、井戸を掘らなければならないほどの多量の水は使用しないということである。また、近世に梵鐘の生産地として全国に名を馳せた滋賀県栗東市辻の鋳物師について調査をしている研究者も、銅鐸と同じく、とりたてて多量の水を必要としないと語っている。銅鐸や梵鐘という大型の鋳造品でも、水をこの程度しか使わないことを考えると、銅剣や銅鉾程度の小型の鋳造品をつくるのに、わざわざ井戸を開鑿してまで水を確保したとはとても考えられない。

しかも、朝鮮系土器が出土する集落のすべてが青銅器などを生産していたのか疑問があるうえ、この考え方では朝鮮系土器も青銅製品の鋳型も出土しない集落の、出現期の「井戸」を説明できず、「井戸」出現の契機を普遍化しえないという根源的な問題点を抱えている。しかし、「井戸」の出現契機について真正面から取り組み、問題提起したという点ではおおいに評価すべきであろう。それでは「井戸」出現の契機はなんであろうか。

## 飲料水の確保

一般的に、井戸は飲料水を確保するためにつくられたと考えられている。私自身もそのように思っていた。本書の執筆を引き受けたのも、井戸は飲料水を確保するために開鑿されたものと信じ込み、前著『下駄』を執筆する際に収集した井戸に関する資料を再利用すれば、それほど難しい問題もなく、比較的スムースに筆は進むと安易に考えたためである。ところが、井戸の出現に関する説を次から次へと否定したものの、私になんの対案もないことに気づき、愕然とした。堀大介の論旨には賛同できないが、飲料水を得るためでないとすれば、いったい「井戸」はなんのために開鑿されたのか。そもそも、出現期の弥生時代中期中葉の「井戸」とされる遺構は、はたして井戸であるのか。私の既成概念を根底から揺るがす重要な問題に直面することになった。この難問を解決するためには、既成概念を捨て、白紙の状態で考察をおこなう必要があると考え、前著のときと同様、勤務していた滋賀県埋蔵文化財センターと滋賀県文化財保護協会が所蔵する全国の埋蔵文化財の報告書を一冊一冊ひもとき、井戸に関する資料を収集することからはじめることにしたのである。

## 三　さまざまな説

「井戸」出現の最大の疑問は、稲作が開始された弥生時代前期にはほとんど検出されないにもかかわらず、弥生時代中期中葉になると、突然全国各地から「井戸」の検出が報告されるようになることである。なぜ弥生中期になって「井戸」とされる遺構が突然出現するのか。また、素掘りの穴である土坑《どこう》と「井戸」をどう区別するのか、も問題である。土坑と「井戸」の区別は、全国の発掘担当者を悩ませるだけでなく、井戸の定義にもかかわる重要な問題でもある。資料の収集過程で、私は「井戸」と土坑の区別の困難さを知り、出現期の「井戸」の解明のためには土坑の性格を知ることが必要であると考え、資料もできるだけ集めてみることにした。井戸と土坑との関係については次章で触れることにして、ここでは出現期の「井戸」の問題点について述べる。

## 標高や深さ

一般的には、水が湧出する地下水面まで掘り込んであれば井戸で、地下水面に達していなければ土坑とされる。たとえば弥生時代の井戸を一〇〇基以上検出しているという奈良県の唐古・鍵遺跡について、藤田三郎は、[28]

素掘りの井戸をどのように認定するかで、前期の土坑を井戸にするかどうかが決まる。私は、湧水層まで達していることを第一の条件とし、その形状は円筒状あるいは、中位にテラスをもつようなものを想定しておきたい。そして、副次的な要素として供献土器の存在も考慮すべきものであろう。

と、[29]地下水面に達しているかどうかを第一の条件としている。これは全国の発掘担当者にほぼ共通した認識であるといってよい。ただ、低平地では帯水層まで掘削しなくとも、地面を少し掘り窪めただけで周囲の土層に含まれている水が掘り穴に滲出するので、地下水面まで掘削しているかどうかの判断が困難なようである。たとえば、佐賀県小城郡三日月町の社遺跡の報告書では、[30]

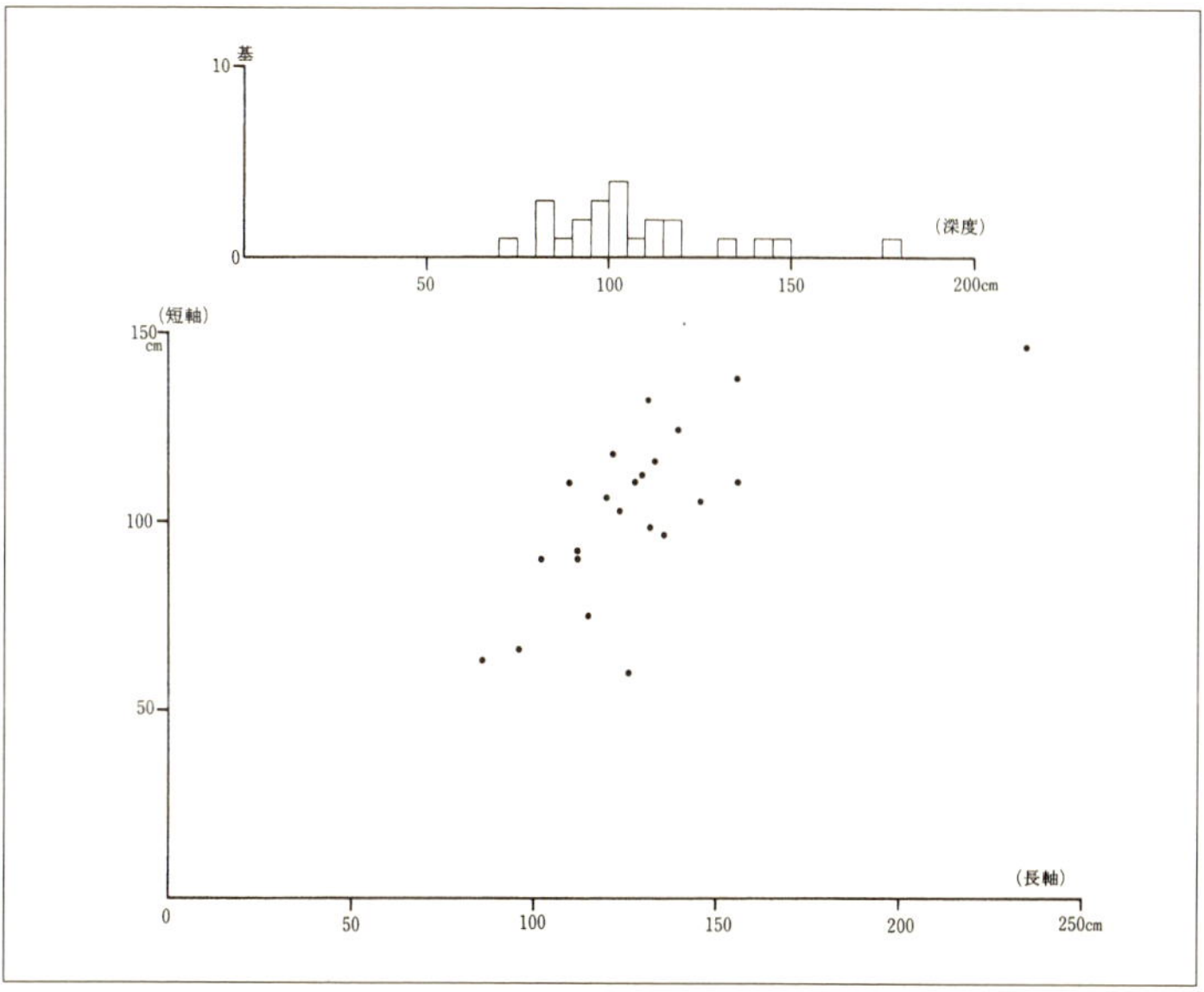

井戸跡の掘削深度・規模グラフ（長野県石川条里遺跡）

判断材料の一つとなる調査時の湧水も、低平地にあり調査時にもしばしば帯水状況にあった社遺跡の状況では決定的とは言えない。ここでは、平面・断面の形状と規模を考慮したうえで、便宜的に底面の標高が一・九メートルより低いものを井戸として報告しておく。

というように、標高という湧水層とはかかわりのない基準で「井戸」か土坑かを判断している。このように、地下水面への到達の有無ではなく、標高や遺構の深さによって土坑と「井戸」を区別する例も少なからずみられる。佐賀市の阿高遺跡の報告書では、(31)「後述する土坑と見紛うものもあるが、深さや堆積状況、断面の形態などを考慮し分類した」と、地下水とのかかわりをまったく考慮せず分類しているし、長野市の石川条里遺跡についても報告書は、[32]

調査時には土坑の多くは廃棄土坑と考えたこともあり、積極的に井戸跡とは認定しなかった。しかし、ＳＫ2057・ＳＫ4648のように深い円筒形の土坑もあり、遺跡内には井戸跡がいくつか存在する可能性が想定された。そこで、井戸跡ならば掘削深度に一定の傾向がみられると仮定し、土坑の掘削深度／土坑数のグラフを作成してみた。このグラフでは、検出面からの深さ八〇センチ前後で一旦土坑数が減少するが、それ以上の深さで土坑数が再び増加することが看取された。……したがって、検出面からの深さ八〇センチ以上に意図的に構築される土坑があると認められ、形態的な特徴から井戸跡と推測した。

と、掘削深度によって「井戸」か土坑かを判断しているのである。石川条里遺跡では深度八〇センチを「井戸」としているが、深度が一・〇メートルを超える深い土坑でも、「井戸」かどうか判断に迷っている例がある。それは、弥生時代前期の「井戸」を検出したと報告している大阪府八尾市の山賀遺跡である。報告書によると、[33]

この近接して掘られた大きな穴を、今、井戸址と推定している訳だが、その果した機能については、確証を得ている訳ではない。井戸址とすることの疑問点を上げれば、全くの粘土地帯で粘土層だけを掘っていることから、水は粘土の染み出し水しか溜まらないこと、もし、水を汲み出すのが目的なら、粘土層をぶち抜けば、下に縄文中期の砂層が出て来て、そこまで掘れば、必ず水は湧いて来るのに、なぜかそこまでは掘っていないこと、住居群から三〇メートル近く離れていること、果して、清くなければいけないはずの井戸中に、ゴミが溜まり、それをそのままにして、底ざらえすらしていないこと、等々である。

しかし、かと言って、それは、北九州地方に見られるような貯蔵穴でもなく種子や根茎類等を貯蔵した形跡もない。そこで、或いは次のように考えられるのかも知れない。穴に目的があるのではなく、穴を掘ること、つまり、掘って出た粘土を採取することに目的があったのではないかと（事実、掘削排土は近辺に認められなかったのである）。

「井戸」と解説しつつも、粘土採掘坑の可能性もあるというこの報告は、「井戸」の認定がいかに困難であるかをよく示している。

## 粘土の採掘

八尾周辺では、中・近世に粘土採掘坑が検出されているので、弥生時代でもその可能性はあるかもしれない。しかし、粘土採掘のために、深さ一・七メートルとか一・三メートルも掘るであろうか。

古墳時代から近代に至るまで、さまざまな焼物を生産してきた大阪府堺市では、中世から近世にかけての粘土採掘坑が検出されている。たとえば、土師南遺跡の場合、

この土坑群の広がりは、四〇メートル×二〇メートルに及ぶ大規模なものとなっている。個々の土坑は、平面が〇・六メートル×〇・八メートルのものから一・三メートル×一・八メートル程度のものまで多様であり、深さも〇・一メートルから〇・六メートルと一定ではない。しかも、これらの土坑群は、いずれも地山の黄褐色粘土を切り込むかたちで形成されていること、埋土が灰褐色砂と地山の黄褐色粘土との互層であること、形態が袋状を呈し、掘削後埋められずに放置されていたこと、部分的ではあるが完形の瓦器椀を埋納していること等の共通点がある。……なお、土師南遺跡の土坑群について調査担当者の續伸一郎氏は「地山の黄褐色粘土を採集したものと考えられ、その行為の後に完形の瓦器椀を埋納したもので祭祀的性格が強い」と述べられている。

と、(34) 深さは、最大でも〇・六メートルなのである。また、一二・一三世紀と一五・一六世紀の粘土採掘坑を検出した堺市八田北町遺跡でも、(35) 深さは〇・六メートル程度で、完形に近い瓦器椀や土師質擂鉢・釜などが出土している。さらに、近世以降の粘土採掘坑を検出した平井遺跡でも、(36) 深さは〇・六メートル内外なのである。表土の厚みを考慮しても、こうした事例をみる限り、一・〇メートルを超

えるような粘土採掘坑はまずありえないとみて問題ないであろう。これらの記述で注目されるのは、粘土を採掘した穴を埋めないだけでなく、その跡に完形の土器を埋納する、いわゆるカミマツリがおこなわれていることである。地面を掘った穴（土坑）に、完形あるいは完形に近い土器を投入・埋置するのは、土坑出現期の弥生時代前期からみられる現象である。(37) この行為は一見「井戸」と無関係のようにみえるが、これから縷々述べるように、井戸を埋めない問題、埋井の祭祀の問題などを解く重要なカギである。しかし、出現期の「井戸」とは直接かかわりがないので、ここでは指摘するにとどめておく。それはともかく、山賀遺跡の遺構が「井戸」でも粘土採掘坑でもないとすれば、この土坑はいったい何の目的で掘削され、「井戸」とはどのようなものを指すのだろうか。

弥生時代になると、用途を明らかにしがたい土坑と呼ばれる掘り込み（穴）が数多く検出されるようになる。前期の土坑は、奈良・大阪を中心に北部九州や岡山でもみられるが、深さは深いもので一・〇メートルあまりで、多くは一〇センチから六〇センチ程度と浅い。表面形態は円形や楕円形、不整形と多種多様で、大きさも大小さまざまである。この種の土坑は弥生時代中期・後期にも数多くみられるが、弥生時代中期中葉以降には地下水面まで掘り込んだ深い土坑が増大する。(38) この地下水面まで掘り込まれた土坑が「井戸」と認定されているのである。ところが古墳時代になると、地下水面まで達しない土坑も、地下水面まで掘り込まれたいわゆる「井戸」と呼ばれる土坑も、軌を一にするかのように急速に減少する。たとえば福岡県では、弥生時代の「井戸」は三〇〇余基に及ぶのに、古墳時代前期では三〇余基、古墳時代中期以降は二〇余基と、非常に差がある。これほどまでないにしても、おなじような傾向は佐賀県でもみられる。すなわち、弥生時代の「井戸」は二〇〇基弱に対して、古墳時代前期は一〇〇余基、古墳時代中期以降は六〇余基となっているのである。弥生時代といってもほとんどが後期であるから、わずか百数十年という短い期間に二〇〇基の「井戸」が掘られたことになる。しかも、これらの「井戸」は、ある特定の遺跡から集中して検出されている。たとえば福岡県では、比恵遺跡だけで二〇〇余基と、弥生時代の「井戸」の六〇パーセント余を占める。また、佐賀県では牟田寄遺跡だけで一〇〇余基と五〇パーセントを占めている。さらに奈良県でも、弥生時代の「井戸」は一六〇余基を数えるが[39]、そのうちの九〇余基、約六〇パーセント弱を唐古・鍵遺跡が占めているのである[40]。特定集落に「井戸」が集中することに関して、比恵遺跡第六次調査の報告者は、「住居と生活組成をなす井戸址がこれ程多数に而も小範囲に密集する在り方は他の集落址に類例をみることがなく……」と述べている[41]。また、弥生時代の大和の「井戸」について討論会を総括した桑原久男も「唐古・鍵というひとつの遺跡に一〇〇基におよぶ井戸が集中しているという事実は、人口密集や遺跡の継続時期の問題もあるが、やはり特異な現象として注目することが必要であろう」と[42]、やはりその特異性に注目している。

### 検出される地域

「井戸」が飲料水を得るために掘られたとするならば、人口密集地域（拠点集落）に多数検出されるのは当然といえば当然である。しかし、先に述べたように、王が居住したとされる佐賀県吉野ケ里遺跡や、伊都国の中心地とされる福岡県前原市内でも「井戸」がほとんど検出されていないことを考えると、特定の遺跡で井戸が集中して発見されるという現象は、きわめて異常といわざるをえない。飲料水を得るためだったとすれば、低平地という同じ立地条件では集落の規模に比例して検出されるはずである。ところが実際には特定の遺跡から集中して検出される。この事実はいったいなにを意味しているのであろうか。私は、特定の遺跡から集中して検出されるのは、この「井戸」とされる遺構（土坑）が飲料水を得る目的で掘られたものではないためであると考えている。すなわち、なにか別の目的で掘られたとみるのである。その別の目的については改めて述べることにして、「井戸」とされる遺構について、もう少し考察を加えてみたい。

先に、社遺跡の報告書のなかで、佐賀平野では明確な帯水層が認められないため、井戸遺構を標高によって決定していると述べた。しかし、佐賀平野にも帯水層が存在することは、尾崎土生遺跡の「井戸」の遺構説明に「地山の最下層に近い部分から砂質土になり湧水がある」と記されていること(43)からも知られる。ただ、佐賀平野の背後に位置する背振山地は、山が浅く、花崗岩地帯であるため保水力に乏しく、しかも海岸との距離が短いため、雨が降っても一気に海岸に流れ込み、帯水層が形成されにくいことは否めない。少し日照りが続くとたちまち水不足となり、旱魃が起こるという歴史を繰り返してきたことからも、それはうかがえる(44)。これらのことから佐賀平野の「井戸」は、地下水面を掘り込んで得られた地下水ではなく、湿潤な低平地の水が「井戸」に滲出した可能性が高い。佐賀平野の「井戸」の底面には、湧出した水による浸食や抉《えぐ》られた痕跡がないのも根拠の一つである。

## 溜井

こうした滲出した水を溜める「井戸」は、一般に〈溜井《ためい》〉(45)と呼ばれる。溜井を、地下水面まで掘り込んだ遺構と同じく「井戸」とみなすかみなさないかは、「井戸」の定義とかかわって議論の余地があるが、現時点では、「井戸」とみなす傾向が強いようである。溜井は、滲出する水を溜めただけであるから貯水量も少なく、日照りが続くとたちまち干上がってしまい、生活用水はおろか飲料水さえ賄えたか、はなはだ疑問である。しかも弥生時代の佐賀平野の海岸線は、現在よりも六〜一三キロメートルも内陸にあり(46)、「井戸」に海水は浸透しなかったのだろうか。牟田寄遺跡一〇〜一四区の発掘調査報告書には(47)、「井戸には淡水あるいは多少の塩分を含む水が存在し、多少塩分を含む水でも生活用水として利用されていたか否か疑問が残る」と記されている。弥生時代に塩分が含まれていたとすれば、牟田寄遺跡の「井戸」は飲料水を得るためでなかったことになる。

これについて、同報告書は、次のような仮説を立てている。

牟田寄遺跡の基盤面は非海成粘土層の「蓮池層上部粘土」であり、その下部には海成粘土層である「有明粘土層」が存在する。両者の境界は遺構検出面から深度三メートルほどの標高〇〜〇・五メートル付近で、大部分の井戸の底面は標高〇・五〜一・五メートルに達するが、「有明粘土層」にくい込むことはない。下山(正一)からは、こうした環境では井戸内に湧出する淡水は周辺の「蓮池層上部粘土」に含有されたものだけで井戸の寿命は短く、比較的深い井戸ではそれを使い切った段階で「有明粘土層」に含まれる海水が湧出することになる、との教示を受けた。今回の分析対象とした井戸は比較的に深いものであり、廃棄された後の埋没過程で、「有明粘土層」に含まれる海水が湧出し、海水浮遊性種と淡水性種の珪藻化石群種が混在したものと考えられる。

私にはこの仮説の文意が今ひとつ明らかでないうえ、佐賀平野の地理的条件にも疎いため、適確な批判となるかどうか心もとないが、いくつかの疑問を呈してみたい。文中に、「「蓮池層上部粘土」に含有された淡水」という表現があるが、一般に粘土（層）は不透水層とされ、水を通さないし含まない土層とされている。[48] したがって、常識的にいえば、「蓮池層上部粘土」を掘削しても水は得られないはずである。報告によると井戸の底面は「有明粘土層」の直上にまで達しているようであるから、その淡水は「蓮池層上部粘土」と「有明粘土層」のあいだに帯水している地下水ということになる。これは比較的浅い地中にある地下水か、粘土層と粘土層のあいだに帯水している〈宙《ちゅう》水《すい》〉と呼ばれる地下水[49]、もしくは地

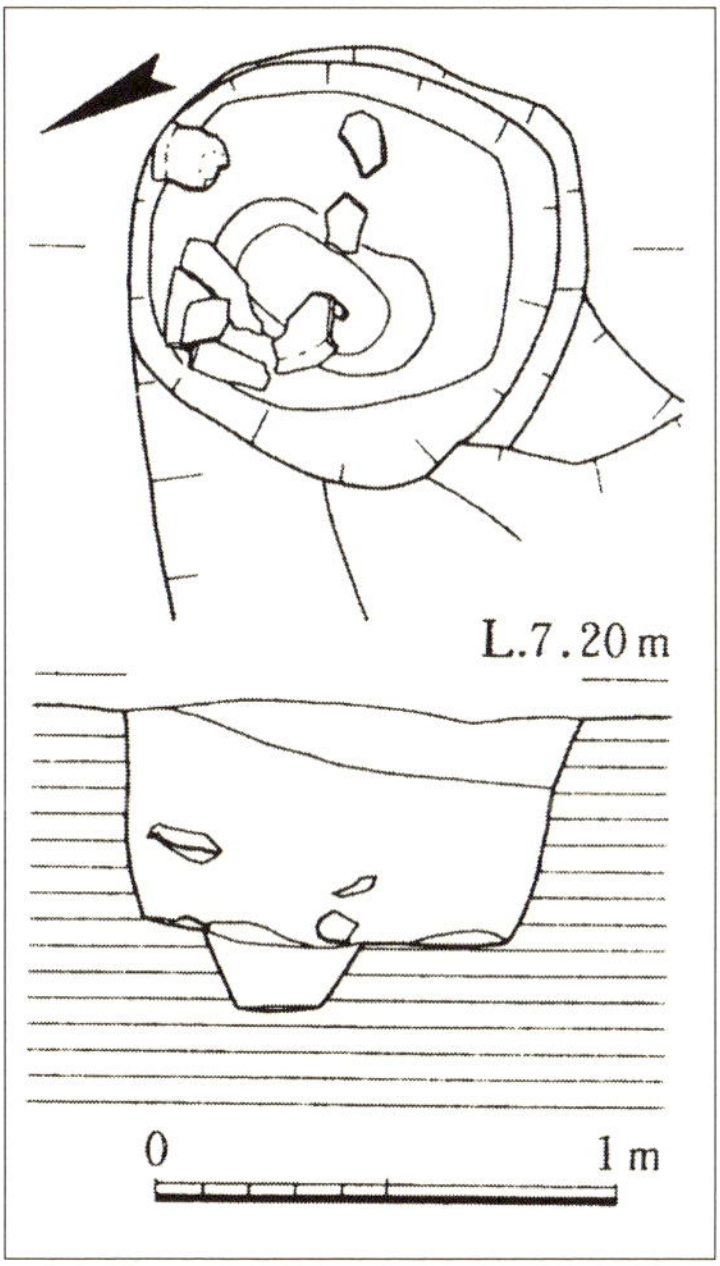


佐賀平野の井戸跡実測図

表面の水が粘土の割れ目や間隙を伝わって滲出した溜井である。この筆者は牟田寄遺跡が低平地にあると強調しているので、おそらく後者の溜井を想定しているのであろう。宙水にしろ滲出する水にしろ量は少なく、佐賀平野のような渇水地帯で日々の生活に必要な量が一年を通じて得られたとはとても考えられない。その意味で、牟田寄遺跡の「井戸」は、井戸といえるかどうかがまず問題となる。

私の最大の関心は、「それを使い切った段階で「有明粘土層」に含まれる海水が湧出する」という表現である。牟田寄遺跡の「井戸」は、滲出する水を溜める「井戸」とされているので、少し日照りが続けば涸れることは目にみえている。しかし、このような「井戸」は雨が降ると元に戻るから、〈使い切〉るという表現は適切でない。さらに、水を使い切るとなぜ「有明粘土層」から海水が湧出するのかも理解しがたい。文章全体から推測すると、「有明粘土層」が海成粘土層であるので、上層に水が滞留しなくなると、「有明粘土層」に含まれている塩分が上昇するという意味のようである。しかし、「有明粘土層」の海水が溶解して湧出するためには、「有明粘土層」の塩分を溶解する地下水が「有明粘土層」の下層に存在していなければならない。すなわち、地下水が、粘土層の割れ目を通って上昇してくる過程で「有明粘土層」に含有されている塩分を溶解して「井戸」の底面に浸透すると考えるほかに解釈のしようがない。しかし、「有明粘土層」は海成粘土で海岸近くに位置しているので、その下層に海水が存在することはあっても、淡水の地下水があることは考えがたい。すると「井戸」内で検出された海水浮遊性種の珪藻化石群が、どのように形成されたのかが問題となる。私は、牟田寄遺跡が有明海に面した低平地にあること、有明海の干満の差が六メートルにも及ぶこと(50)、遺跡の基盤が粘土層でできていること、「井戸」の底面が海面から数十センチ〜一・五メートルほどであること、「蓮池層上部粘土」と「有明粘土層」のあいだに宙水があるかもしれないが水量は少なく、旱魃などで枯渇しかねないなどの条件を考えあわせると、満潮や高潮時に「有明粘土層」直下に海水が潜り込み、粘土層の割れ目から海水が上昇し、「蓮池層上部粘土」内に掘削された「井戸」に浸透して形成されたと考える。つまり牟田寄遺跡の「井戸」は、廃棄された後で海水が浸透したのではなく、掘削当初からしばしば海水が浸透し、塩分を含んでいた可能性があり、飲料水を得るために掘削されたものでないことになる。それでは、牟田寄遺跡では生活用水をどこで得ていたのか。報告書によると、牟田寄遺跡にはかなり水量の豊富な数条の自然流路が存在していたことが判明しており[51]、この自然流路を利用していたと考えるのが妥当であろう。牟田寄遺跡の「井戸」をみると、佐賀平野の旧海岸線沿いにあったかなりの「井戸」が塩分を含み、「井戸」とは呼べない遺構であった可能性が高い。

## 海水面

私は、海岸部の沖積平野に開鑿された「井戸」に塩分が含まれていれば、それは「井戸」でない証明だと考えるが、塩分に触れた考察は、管見の限りでは牟田寄遺跡のこの報告書のみである。遺跡と海水面との関係については、縄文海進の研究は数多いが、弥生時代以降に関しては、福井万千の広島県草戸千軒町遺跡を論じたもののみである[52]。それによると、「福山地方の海水面の水位は、大潮の平均満潮位が標高一・八四m（広島県土木測定）で、一年間のうちで標高が二・〇〇mを測る日が何日かあります。草戸千軒町遺跡の検出遺構面は、標高が一・一〜一・八mの間にあり、遺構面よりも平均満潮位の方が高くなっています」と、現在の満潮時海水面よりも低いことを指摘したうえで四つの仮説を立て、考察を加えている。そして、「現時点においては海水面の上昇を第一に考えることができ、それに若干の地盤沈下が伴った結果であると推定されます」と、周辺の遺跡や石造品などから、おそらく江戸時代以降の海水面の上昇と、遺跡地の地盤沈下が重なったとしている。地盤沈下については、その程度が問題ではあるが首肯できる。問題は、江戸時代にはたして海進があったのかという点である。

江戸時代は、天明年間（一七八一〜八八年）と、天保年間（一八三〇〜四三年）の二度をピークに、約一〇〇年間の小氷期[53]、つまり海退期だったとされる。したがって、一八世紀中葉以降に海水面が上昇するということはありえないので、この仮説は成立しない。草戸千軒町遺跡は、一六世紀に入ると衰退しはじめ、一七世紀中頃には、ほぼ廃絶していたとされる[54]。その理由として、領主の移転という政治的要因と、芦田川の土砂堆積という自然的要因があげられているが、領主がいなくとも、港湾や交易の場の機能が悪化したり、物の集積が少なくなって市としての魅力がなくならない限り、その後も継続するものである。そこで衰退のおもな要因は芦田川の土砂の堆積ということになる。土砂の堆積は、河川の氾濫だけで起こるものではない。河川が氾濫すれば地盤が高くなり、かえって生活条件はよくなるから、街は再建されて繁栄を取り戻すこともある。海岸線に位置する芦田川に土砂が堆積した理由こそ、海水面の上昇だったのではないだろうか。

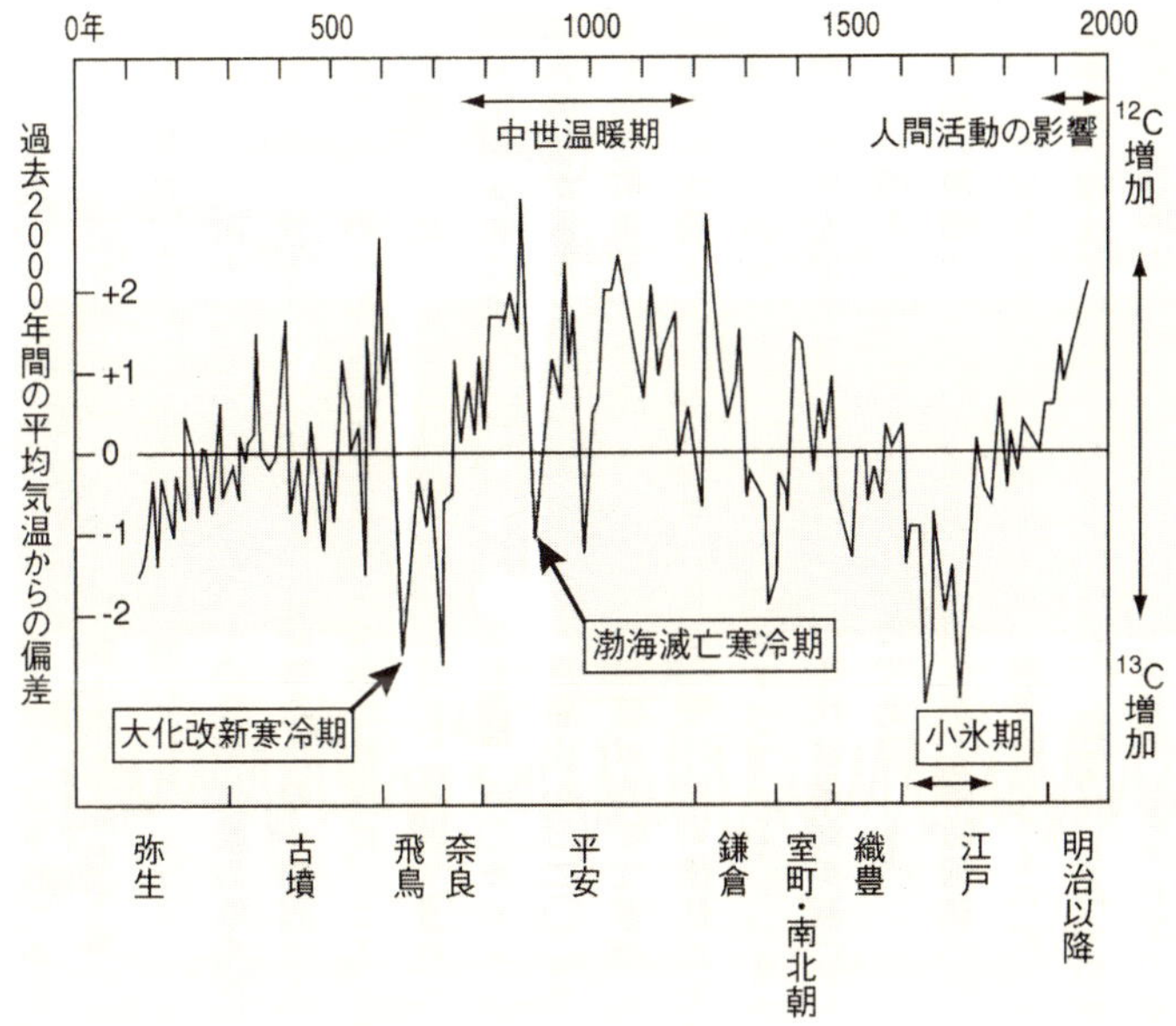


屋久杉の年輪の炭素同位体比から明らかとなった歴史時代の気温変動（一部改変）

江戸時代以前の小氷期は、室町時代の一五世紀にあったが、一六世紀に入ると次第に温暖化し、秀吉が覇権を握った頃には完全に脱している[55]。小氷期を脱して温暖化すると、必然的に海水面の上昇をともなう。海水面の上昇により芦田川の河口は内陸部へ向かい、草戸千軒町遺跡のすぐ下流に移動する。芦田川が運んできた土砂は、草戸千軒町遺跡のすぐ下流に堆積し、浜堤や中洲を形成する。この結果、芦田川は排水不良となり、水位が上昇して草戸千軒町遺跡の居住地域がしばしば洪水に見舞われるだけでなく、福山湾に入り込んだ海水が芦田川の下に潜り込んで井戸に侵入することになる。こうして、草戸千軒町遺跡は序々に生活基盤を破壊され、衰退・廃絶したものと私は考えている。それでは現代の海水面の上昇はどうなのであろうか。いうまでもなく、現在は温暖期（間氷期）であり、かつ二酸化炭素による温暖化現象も加わって海水面が上昇していることは周知の事実である。それは、大潮の満潮時や台風時に、沿岸部がしばしば高潮に見舞われることからも知られる。

## 四　井戸は土坑の一種

福岡平野の「井戸」は、飲料水を得るために開鑿したものなのであろうか。比恵遺跡群の地下水面は上下二面ある。(56)第一湧水点と呼ばれる上方の地下水面は鳥栖《とす》ローム と八女《やめ》粘土の間にあり、標高は三・五〜五・〇メートルである。第二湧水点と呼ばれる下方の地下水面は八女粘土と青灰色シルトの間にあり、標高は二・五メートル付近とほぼ一定しているようである。第一地下水面までしか掘削されていない「井戸」は、遺構断面図からもわかるように、佐賀平野の「井戸」とおなじく底部はほとんど抉《えぐ》れていない。ところが、第二地下水面まで掘削されている「井戸」は、ほぼすべて底部が抉れている。これは、第一地下水面が地表から比較的浅い地点の水量の少ない宙水《ちゅうすい》を利用しており、第二地下水面は底面から激しく湧出するためと考えられる。比恵遺跡群から検出された弥生時代中期末〜奈良・平安時代に及ぶ「井戸」が第一地下水面まで掘削されているが、第二地下水面まで達しているのは特定の時期に限定されている。(57)その時期とは、「井戸」の出現期である弥生時代中期末から後期前葉までである。

「井戸」が飲料水を得るためのものであれば、水がいつ涸れるかもしれない不安定な宙水よりも、少し手間はかかるが、常時一定の水量を得ることができ、地殻変動などがない限り涸れる心配のない帯水層まで掘削するのが常識であろう。ところが、比恵遺跡の「井戸」の場合、弥生時代中期末から後期前葉までの出現期の「井戸」が深い水量の多い第二地下水面まで掘削し、弥生時代後期中葉から平安時代までは浅くて水量の少ない第一地下水面までしか掘削していないのである。時代が下ると土木技術も発達し、人口も増加し、生活も多様化するため水需要が増大するのに、なぜ弥生時代後期中葉以降、水量の豊富な第二地下水面まで掘削して水を得ようとしなかったのだろうか。また、遺跡の盛衰があるとはいえ、先に述べたように古墳時代以降、「井戸」が大幅に減少している。ここでも「井戸」とされる遺構が飲料水を得るためのものだったのか、疑問視せざるをえないのである。

飲料水を得るために築造されたことが明らかな七世紀以降の井戸の直径は、おおむね一メートル前後である。しかし、出現期から古墳時代にかけての素掘り「井戸」には、一メートルを超すものも数多くある。なかには二・五メートルを超すものもしばしばみられる。直径が一メートル前後ならば、手を差し伸べて釣瓶を井戸底に降ろして水を汲むことができるが、直径が二・五メートルを超えると、手を差し伸べても釣瓶が井戸の中央まで達せず、壁面沿いに釣瓶を上げ降ろししなければならない。これでは水中で釣瓶の操作ができず、うまく汲み上げられるか疑問である。また、壁面に沿って釣瓶を引き上げるため釣瓶に土砂が入り、水が濁る可能性が高い。このような直径が大きな「井戸」の場

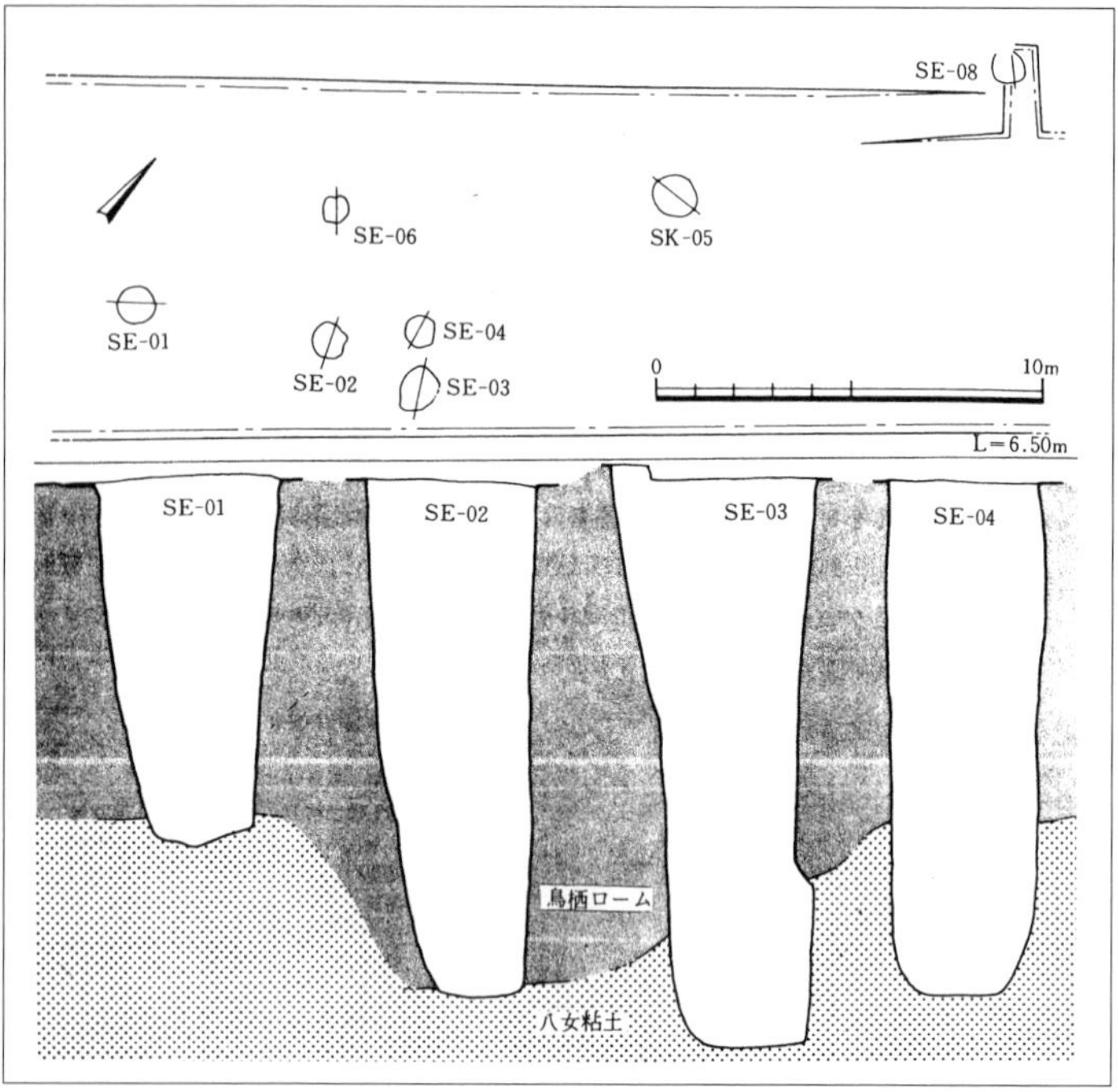


合は丸太を差し渡し、中央までいって水を汲むしかないが、丸太を差し渡した遺構は現時点では発見されていない。少なくとも直径が二メートルを超える素掘り「井戸」は、たとえ井桁・井戸屋形・滑車を備えていても、水を汲むにはいささか無理があり、このような「井戸」は井戸ではないと私は考える。

奈良県唐古・鍵遺跡第二〇次調査で発見された長径約六・五メートル、短径（推定）約五メートル、深さ二・四四メートルといった巨大な「井戸」の場合、どのようにして水を汲み上げたのか、「井戸」とみなす方々に説明を望みたい。この「大型井戸」の下層からは土器の破片が出土しているだけであるが、上層からは完形土器、上部や脚部を打ち欠いた土器、卜骨片、イノシシの下顎、籾殻を含む植物層、雑穀の入った広口長頸壺などの祭祀遺物が数多く出土している。これらの遺物や廃棄の状況をどうみるかは解釈の分かれるところであるが、概報にも記されているように、[58]「他にみられるような井戸とは性格が異なるかも知れない」ことは確かである。ここにも「井戸」かどうかが疑問視される井戸遺構が存在するのである。

考古学では、井戸と住居をセットととらえる考え方と、共同井戸としてとらえる考え方がある。[59]しかし、必ずしも住居に隣接して「井戸」が検出されるわけではないし、住居群の中央とかその一角から検出されるわけでもない。たとえば岡山県百間川遺跡群の井戸と住居跡の場合、双方の相関関係を

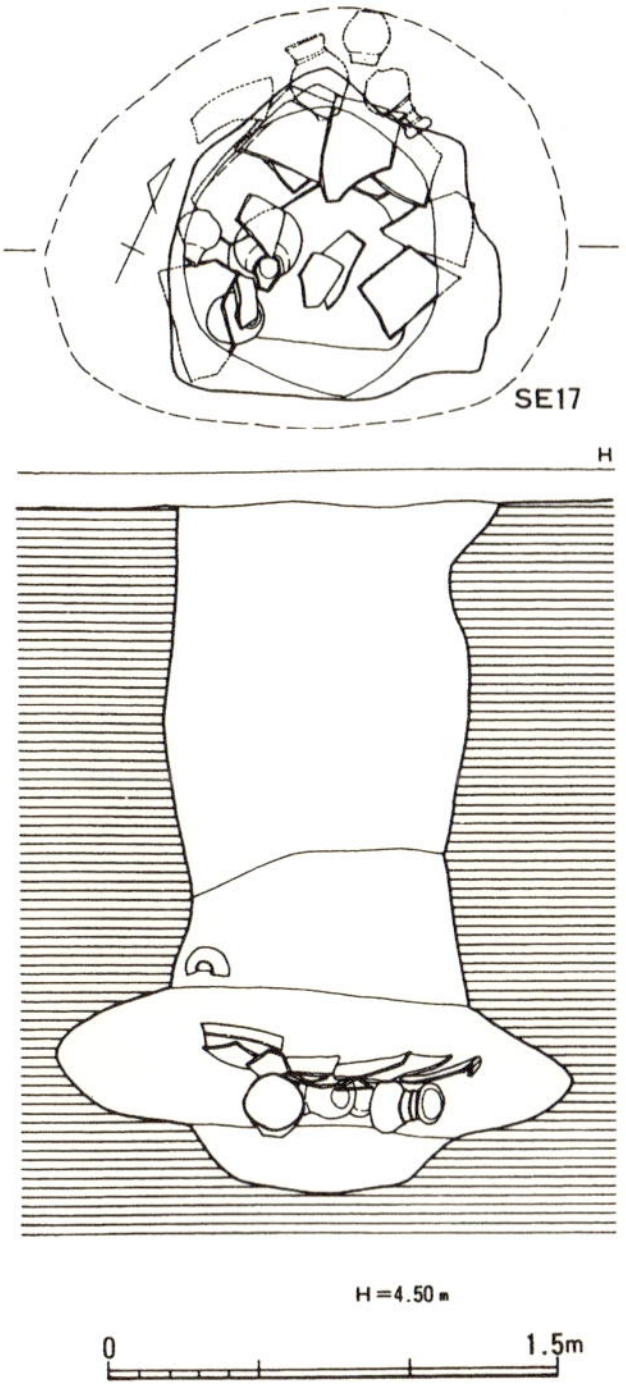


上：井戸跡実測図（福岡県比恵遺跡）
前頁：井戸跡配置図（福岡県比恵遺跡）

調査者は認めつつも、「百間川遺跡群においての古墳時代初頭の井戸については、竪穴式住居に比べて圧倒的にその数値は多く、その傾向は岡山県南部の沖積平野に存在する遺跡についても認められる」として、(60)住居跡よりも「井戸」の数のほうが圧倒的に多く、十分に関係性を説明しえないと述べている。また、桑原久男は、唐古・鍵遺跡について、「全体的な感想としては、これだけ数多くの井戸が検出されてはいるものの、井戸と集落との関係が思いの外よくわかっていないという印象で、唐古・鍵の井戸に関しては今後のさらなる研究の余地が多いと感じられた」と述べているし、坪井・大福遺跡についても「井戸と集落全体との関係はやはりよくわかっていない」と総括している。(61)さらに、芝遺跡に関して報告した小池香津江は、「井戸と考えられる遺構は、第三・一五・一七・一八次調査区で二一例が報告されている。いずれも居住域と思われる地区で、付近からは竪穴住居や多数の柱穴が検出されている。ただし、特定の建物との関連が指摘できる例は確認されていない」(62)と、住居と「井戸」がセットにならないと報告している。

このように、弥生・古墳時代の「井戸」とされる遺構を再度検討してみると、「井戸」かどうかという疑問が次々とわき上がる。こうした疑問を合理的で矛盾なく解釈できなければ、全国の弥生・古墳時代の「井戸」とされる遺構を井戸とみなすことはできない。現時点では、弥生・古墳時代の「井戸」を、飲料水を得るために開鑿された井戸とするにはあまりに疑問点が多くむずかしい、というのが私の結論である。

「井戸」とされてきた遺構が井戸でないならば、その深い土坑はどうした性格の遺構なのだろうか。

結論を先に述べれば、「井戸」とは、弥生時代前期から全国各地の遺跡で検出される〈土坑〉と呼ばれる穴のうち、たまたま地下水面まで掘られた深いものを指す。「井戸」と認定された遺構も、「井戸」と認定されなかった遺構も、一部を除き、おなじ性格の〈土坑〉(穴)なのである。土坑は弥生時代前期から検出されている。土坑が「井戸」とみなされないのは、底面が地下水面まで掘削されていないためである。土坑は、「井戸」とされる遺構の出現後も、数の多少は別にして引き続き掘られている。「井戸」は古墳時代に入ると著しく減少すると述べたが、土坑も一部の地域を除き、古墳時代に入ると減少する。全国の弥生時代の遺跡からは、「井戸」とされる遺構は検出されなくとも、多かれ少なかれ土坑と呼ばれる遺構は検出されている。そこで私は、「井戸」とはたまたま他の土坑よりもなんらかの理由で深く掘られただけであると解釈する。住居の近くに一定程度の流量のある河川や溝・湧泉があれば、井戸は必ずしも必要でなく、飲料水をはじめ生活用水は基本的にそれらに依拠していたとする民俗学の成果と、私の経験からこう結論するものである。

(1) 佐々木由香「縄文時代の「水場遺構」に関する基礎的研究」『古代』第一〇八号、早稲田大学考古学会、二〇〇〇
(2) 同前
(3) 堀大介「井戸の成立とその背景」『古代学研究』第一四六号、古代學研究會、一九九九年
(4) 宇野隆夫「井戸考」『史林』第六五巻第五号、史学研究会、一九八二
(5) 高取正男『民俗のこころ』朝日新聞社、一九七三

(6) 白木小三郎『住まいの歴史』創元社、一九七八
(7) 高橋康夫「道とくらし」『洛中洛外――環境文化の中世史』平凡社、一九八八
(8) 乾哲也「弥生ビトの祈りのかたち――池上曾根遺跡における祭祀の事例」『月刊考古学ジャーナル』三九八号、ニューサイエンス社、一九九六
(9) 黒崎直「平城宮の井戸」『月刊文化財』七六 - 四、第一法規出版、一九七六
(10) 黒崎直「藤原宮の井戸」『文化財論叢Ⅱ』奈良国立文化財研究所創立四〇周年記念論文集刊行会、一九九五
(11) 佐賀県教育委員会『佐賀県文化財調査報告書第一一三集　吉野ケ里　神埼工業団地計画に伴う埋蔵文化財発掘調査概要報告書』、一九九二
(12) 同前
(13) 秋山浩三「池上曾根遺跡中枢部における大形建物・井戸の変遷　下」『みずほ』第三一号、大和弥生文化の会、一九九九
(14) 宇野隆夫「井戸」『弥生文化の研究7　弥生集落』雄山閣、一九八六
(15) 後に述べるように、弥生時代中期から古墳時代後期（六世紀）までの井戸とされる遺構を、私は井戸とは認めないので、これ以降の文章では、古墳時代以前の井戸は「井戸」と記述する。なお、木製の井側を持つものは、〇〇〇〇「井戸」と記述する。
(16) 川上洋一「大和の井戸とその周辺」『みずほ』第三〇号、大和弥生文化の会、一九九九
(17) 大阪府教育委員会ほか『山賀（その3）近畿自動車道天理～吹田線建設に伴う埋蔵文化財発掘調査概要報告書』一九八四
(18) 松本洋明「弥生土器・考察Ⅱ――水壺の出現（後編）」『みずほ』第八号、大和弥生文化の会、一九九二、

藤田三郎「弥生時代の井戸と唐古・鍵遺跡の井戸」『みずほ』第三〇号、大和弥生文化の会、一九九九
(19) 日下裕弘『日本の自然遊——湯浴の聖と俗』近代文藝社、一九九五
(20) 武田佐知子『古代国家の形成と衣服制——袴と貫頭衣』吉川弘文館、一九八四
(21) 関根真隆『奈良朝食生活の研究』吉川弘文館、一九六九
(22) 前掲注16、川上洋一
(23) 榧根勇『NHKブックス651　地下水の世界』日本放送出版協会、一九九二
(24) 前掲注18、藤田三郎
(25) 福岡県比恵遺跡第六次調査で出土した弥生時代中期後葉のSE-33や岡山県下市瀬遺跡出土の弥生時代後期の井戸Ⅱなどが知られている程度である。前掲注14、宇野隆夫
(26) 大阪府教育委員会『大阪府文化財調査概要一九七三　池上遺跡発掘調査概要Ⅲ——和泉市池上町・泉大津市曾根町所在』一九七四
(27) 前掲注3、堀大介
(28) 考古学では一般に、湧水層と表現しているが、地下水を研究する水文学では、湧水層という語を使用せず、〈地下水面〉、あるいは〈帯水層〉という語を使用しているので、筆者もそれに従って記述する。前掲注23、榧根勇、吉村信吉『科學新書20　地下水』河出書房、一九四二
(29) 前掲注18、藤田三郎
(30) 三日月町教育委員会『三日月町文化財調査報告書第一一集　社遺跡——嘉瀬川浄水場建設に伴う文化財発掘調査報告書』一九九九
(31) 佐賀市教育委員会『佐賀市文化財調査報告書第四〇集　阿高遺跡　寺裏遺跡　梅屋敷遺跡』一九九二
(32) 長野県教育委員会ほか『長野県埋蔵文化財センター発掘調査報告書26　中央自動車道長野線埋蔵文化

財発掘調査報告書15　石川条里遺跡　第三分冊』一九九七
(33) 前掲注17、大阪府教育委員会ほか
(34) 堺市教育委員会『堺市文化財調査調査報告第四八集　八田北町遺跡発掘調査報告Ⅰ・Ⅱ』一九八九の結語より引用
(35) 同前
(36) 同前
(37) 『大和唐古弥生式遺跡の研究』京都帝国大学文学部考古学研究報告第一六冊、一九四三
(38) 前掲注26、大阪府教育委員会、前掲注16、川上洋一
(39) 前掲注16、川上洋一
(40) 同前
(41) 福岡市教育委員会『福岡市埋蔵文化財調査報告書第九四集　比恵遺跡——第六次調査・遺構編』一九八三
(42) 桑原久男「大和における井戸の成立と展開」『みずほ』第三〇号、大和弥生文化の会、一九九九
(43) 佐賀県教育委員会『佐賀県文化財調査報告書第八〇集　筑後川下流用水事業に係る文化財調査報告書Ⅰ　野田遺跡　川寄吉原遺跡　尾崎土生遺跡』一九八五
(44) 江口辰五郎『佐賀平野の水と土——成富兵庫の水利事業』新評社、一九七七
(45) 私は、地下水面まで掘削した遺構を井戸とする定義を重視する立場から、溜井は井戸ではないと考えている。
(46) 前掲注44、江口辰五郎
(47) 佐賀市教育委員会『佐賀市文化財調査報告書一〇二号　牟田寄遺跡Ⅶ　10〜14区の調査』一九九九

(48) 前掲注28、吉村信吉
(49) 同前
(50) 前掲注44、江口辰五郎
(51) 佐賀市教育委員会『佐賀市文化財調査報告書第八九集　牟田寄遺跡VI　15・16・17区の調査』一九九八
(52) 福井万千「草戸千軒町遺跡と高位の海水面について」『草戸千軒』四五号、広島県草戸千軒町遺跡調査研究所、一九七七
(53) 山本武夫『気候の語る日本の歴史』そしえて、一九七六
(54) 広島県草戸千軒町遺跡調査研究所編『草戸千軒町遺跡発掘調査報告V　中世瀬戸内の集落遺跡』一九九六
(55) 前掲注53、山本武夫
(56) 福岡市教育委員会『福岡市埋蔵文化財調査報告書第一七四集　比恵遺跡群（8）』一九八八
(57) 前掲注41、福岡市教育委員会
(58) 田原本町教育委員会『田原本町埋蔵文化財調査概要3　昭和五九年度唐古・鍵遺跡第二〇次発掘調査概報　黒田大塚古墳第二次発掘調査概報』一九八六
(59) 福岡市教育委員会　注56前掲書
(60) 岡山県教育委員会ほか『岡山県埋蔵文化財発掘調査報告59　百間川沢田遺跡2　百間川長谷遺跡2　旭川放水路（百間川）改修工事に伴う発掘調査VI』一九八五
(61) 前掲注42、桑原久男
(62) 小池香津江「芝遺跡検出の井戸」『みずほ』第三〇号、大和弥生文化の会、一九九九

# 第二章　土坑と「井戸」

## 一　食糧貯蔵穴

### 稲や籾

土坑にはさまざまなタイプがある。堅果類や穀類などを保管する（食糧）貯蔵穴、木器を浸漬《しんし》（貯木）する木器貯蔵穴、土器を捨てる廃棄坑（ゴミ穴）、土壙墓《どこうぼ》の残骸、祭祀のための土坑、粘土採掘坑などである。土坑の形状・形態が多種多様であるうえ、実際にこれらの土坑から稲束やドングリや木器の未製品・原木などが出土することを考えると、土坑をこのように分類しても考古学的には問題ないかもしれない。しかし、私は本当にその土坑が食糧貯蔵穴なのか、木器貯蔵穴なのか疑問をもつ。そこで、実際にそのような機能を果たしていたのか、一つひとつ検証してゆくことにしたい。

籾殻や稲の穂束が出土することで早くから知られている弥生時代前期の土坑が、奈良県の唐古・鍵遺跡である。一九三六年に発掘調査がおこなわれた唐古（池）の報告書には、(1)

ところが第四八号地点では灰及び木片と共に多量の籾殻が発見され、第八五号、第九五号、第九七号、第一〇一号等の各地点からはいづれも多量の焼米が竪穴内部より発掘せられたのである。こゝにその一は籾殻といひ、一は焼米といふが、実は前者は籾のまゝ保蔵せられていた米が澱粉質の部分のみ腐朽し去つたものであり、後者は火を受けて不完全燃焼をしたため、炭化せる稲米魂として残存せるものであつて、第八八号地点、第一〇一号地点等においては、それが稲束のまゝ炭化せるものである事が確かめられてゐる。

とある。炭化米・籾については、脱穀しやすいように穂（芒《のぎ》）に火をつけて焼いたとする説がある。(2)麦は芒が長く、稈《わら》（茎）も堅くて穂や葉までの間隔もあるため、火を掛けても芒の部分だけ焼いて火を消すことができるが、稲は芒が短く、稈も柔らかくて燃えやすく、しかも籾を包むように葉が叢生しているため、火を付けると葉や稈に燃え広がって籾まで焼ける可能性がある。籾が焼ければ炭化米になり、食用にならない。この説は、主に中国の華北でおこなわれている、焦麦法《しょうばいほう》と呼ばれる麦の芒を焼いて貯蔵する方法(3)から連想したもので、たんなる思いつきにすぎない。一般に炭化とは、火によるものではなく、地中に密閉されていた穂束や籾が発掘で空気（酸素）に触れて酸化したものをいう。土中でも密封状態にあるとは限らず、なんらかの理由で空気（酸素）が地中に入り込み、その空気に触れると酸化して発掘前にはすでに黒くなっている場合もある。

土中はきわめて湿度が高く、穀類の貯蔵に適さないことは、福岡県春日市の門田遺跡辻田地区の袋

状竪穴の温湿度測定結果からも明らかである。(4)

今回、検出されたイネ・マメ・ムギ・モロコシ(?)・ドングリ等の食料植物が、この竪穴に本来的に貯蔵されていたものであるという確証はかならずしもない。また、竪穴内の温湿度測定結果をみても明らかのように、湿度九八%という高湿度の環境はカビの繁殖を招くなど、貯蔵倉としての条件は不充分といわざるをえない。藤原氏も指摘されているように、湿度一〇〇%近い条件下では、籾水分は二〇%近くになり、とても長期貯蔵できる条件ではない。

また、鳥取県三朝町の丸山遺跡でも袋状土坑の乾湿温度の測定がおこなわれ、次のように報告されている。(5)

入口を閉鎖した袋状貯蔵穴内部の温度、湿度は、外気の環境変化には、ほとんど影響されず、平均温度は二二度、平均湿度九〇%であった。以上の測定結果によると温度二二度は理想的であったが、平均湿度九〇%以上では、大変カビの繁殖しやすい条件下にある。カビの繁殖を防ぐためには、平均湿度を六〇%にする必要があり、それ以下でも以上でもカビは発生する。イネ科穀類を長期間貯蔵するのには、種子水分を約一四〜一五%に保つ事が必要であり、本条件下では、籾水分が二〇%近くになり、長期間貯蔵が不可能となる。

以上により測定結果だけでは、湿度を抑える何らかの施設がない限り、イネ科穀類などの長期貯蔵には、疑問が残る結果となった。

これらの測定結果からもわかるように、湿気が常時九〇～九八パーセントもあるような地中に、長期にしろ短期にしろ、穂束や籾を貯蔵するのは不可能といってよい。私の経験からいっても、稲束は湿気が高く、水に濡れるとすぐにカビが生えて腐ってしまう。また、籾は二～三日水に浸かると発芽して食糧にならなくなる。

稲の貯蔵で興味深いのは、承和八年（八四一）に出された太政官符である。

聞くならく、諸国の百姓営むところの稼穡《かしょく》、偏《ひと》えに陽の景《けしき》を恃《たの》みて既に霪雨《いんう》を忘る。如し雲影霽《は》れがたく雨足歇《や》まざるに逢わば、稲を中庭に置きて之れを見て且《か》つがつ飢う。庶民の甚だ愚かなること一に茲に至れり。大和国宇陀郡の人、田中に木を構え種穀を懸け曝《ほ》せり。その穀の燥《かわ》くこと、火炎に当つるに似たり。俗に名づけて之れを稲機《いなばた》と謂ふ。

これは、収穫した稲（穂刈り・根刈りの混在？）を中庭に並べて干しても、近頃は雨がよく降って稲を腐らせるだけなので、田のなかにハサを立ててすぐに乾燥する〈掛干し〉にするように奨励したものである。(6) 稲は雨があたるとすぐにカビが生えて腐るだけでなく、保管の過程でもカビが生えたり腐ったりして長期の保存が不可能になることがよく示されている。稲の根刈りは八〜九世紀頃とされているので、それまでは穂刈り、いわゆる穎稲《えいとう》で保管されていた。松村恵司は、古代の農業技術や流通段階における稲の形状を考察したうえで、

以上、当時の脱穀技術をとりまく諸条件と、通貨として用いられた稲の形状に関して検討を加えてきたが、これらを総合して考えれば、集落における稲倉はすべて穎稲倉であったとするべきであろう。穎《えい》を穀化することによって得られた貯蔵上の利点は、まさしく律令国家の稲の備蓄政策から要請されたものであり、集落社会では無縁のものであった。一般農民にとっては、脱穀を一連の調製作業から、ことさら分離する必要がなく、またその技術も未だ整ってはいなかったのである。

出土した稲の穂束（滋賀県大中の湖南遺跡）

と、一般集落では穎稲を倉で保管していたと述べる。(7) 古代律令社会も穎稲を倉で貯蔵していたのだから、弥生時代や古墳時代でも、穎稲を倉などに保管していたとみるのが妥当であろう。

先に、門田遺跡や丸山遺跡の穴は湿度が

高く、穀類の保管が不可能であると紹介したが、門田遺跡の報告書では、

しかし、近年調査された小郡市横隈遺跡の二六号袋状竪穴からは稲たばの状態で多量に発見された。また、宗像町赤間・石丸遺跡では袋状竪穴内の甕の中から炭化していない籾殻つきのコメが出土した。他の多くの遺跡においても、炭化したイネの種子が多量に検出されている事実は否定できない。このような悪条件の中で、どのくらいの保存が可能であるか疑問は残るが、現在でも基養父《きやぶ》地方の農家で同様の穴倉を利用している事実はその差こそあれ重要であり、じかにイネ籾を置かず、プラントオパールでも摘出されたタケ・ススキ・チガヤ・ヨシなどを敷き、また、ワラ・ムシロなどを敷いて湿気を防いでいたとすれば可能であろうし、石丸遺跡の例にみるような甕などに入れておけば保存は可能であろう。

一方、中国の華北地方では古くから野菜等を地中に埋めて保存する習慣があり、その穴のことを「窖穴《こうけつ》」と呼んでいる。長方形をなす竪穴で、下に草を敷き、野菜を入れ、また草をかぶせて土をかけ、保存するそうである。厳冬の華北地方では、格好の保存方法で現在でもおこなわれているようである。日本でも、サツマイモをはじめ多くの根茎類が同様の方法で保存されてきた。寒さに弱い野菜や根茎類の保存に最適の方法といえる。ここでいう方形竪穴をそれに考えたいのである。両壁面に縦に堆積した土層、底面に堆積した土層の状態をプラントオパールとして検出されたタケ・ススキ・ヨシ類の敷物と考えたらどうであろうか。

食糧貯蔵穴（福岡県門田遺跡）

以上、少なからず袋状竪穴がイネをはじめとする穀類やマメ・ドングリ等の食料を貯蔵した穴倉として不充分ながらも機能し、方形竪穴がイモ類・野菜類の保存方法として機能していた可能性を指摘した。しかし、まだまだ将来に残された課題は多いといわざるをえない。

と、民俗例や中国の例を引いて、袋状竪穴を食糧貯蔵穴と結論している。(8) この報告は、のちの食糧土坑論に大きな影響を与えた。丸山遺跡の報告でも、門田遺跡の報告書を引用して、「このような事例によりイネ科穀類の袋状竪穴による食用貯蔵には、規模や時間においては疑問が残るが可能性は高いであろう」と、おなじように疑問符をつけながらも肯定している。(9) このように、疑問符をつけながらも、土坑を食糧貯蔵穴とする報告は、山

口県の伊倉遺跡や神戸市の楠・荒田町遺跡でもみられる。弥生時代中期の土坑を検出した伊倉遺跡では、

土壙《どこう》の用途については、穀物貯蔵用といいうるための直接的な資料は皆無である。しかし、同じ規模や形態とそのあり方を同じくする綾羅木郷《あやらぎごう》遺跡の土壙から麦・小豆・大豆などの植物遺体が検出されている。したがって、伊倉の土壙も穀物貯蔵用とみるべき公算が大きく、植物遺体は腐敗して痕跡をとどめえなかったとも考えられる。

と、疑問符をつけてその用途を推測しているし、[10] 弥生時代前期末から中期初頭の小竪穴を検出した楠・荒田町遺跡でも、

以上のように、当遺跡出土の円形の小竪穴が貯蔵穴であるという点について積極的な根拠はない。しかし、弥生時代の遺跡において小型の竪穴類（土坑）が群集するというのは、今日では貯蔵穴と墓址しか認められていない。そしてその埋没状況、遺物からおよそ墓址とは考え難く、消極的考証ではあるが貯蔵穴として認定したものである。

と、これまた疑問符をつけながら貯蔵穴と結論づけているのである。[11] なぜ確たる証拠もないまま、こ

のように疑問を抱きつつ、土坑を食糧貯蔵穴と結論づけるのであろうか。それは、一般的に土坑は墓壙・貯蔵穴・粘土採掘坑に分類されるためである。なかでもやや深めで袋状を呈する土坑からは、稲の穂束や籾、麦・アワ・ヒエ・大豆・小豆などの雑穀類のほか、ドングリやクリなどの堅果類がしばしば出土する。このため、そうした形態の土坑であれば、たとえ植物遺体が出土していなくとも、貯蔵に適さない環境であっても、強迫観念に駆られたように、すべて貯蔵穴とみなしているのである。では、稲束や籾殻、雑穀類や堅果類が出土した土坑はすべて食糧貯蔵穴なのだろうか。

北部九州や防長地方では、袋状竪穴と呼ばれるフラスコ状の土坑が数多く検出される。これらの土坑は、水はけのよい、高燥な台地に密集して掘られている。そのなかには内壁が焼けたり、内壁にスサ入りの粘土を貼って焼いたものがあり、土坑内を乾燥させて利用したことがうかがわれる。中から穂束や籾殻などのほか、アワやヒエなどの雑穀も出土していることから、さまざまな穀物が貯蔵されたと考えられている。貯蔵穴には穀類を直接収納する方法と、土器などの容器を使用して収納する方法の二種類あったとされる。容器を用いるのは深さが二メートルに及ぶような大型の貯蔵穴で、主に種籾を貯蔵したと考えられている。この種の貯蔵穴は、中国華北や東北部の「灰坑」と呼ばれる貯蔵穴に似ていることから、中国や朝鮮半島から稲作技術とともにもたらされたのではないかとする説が有力である。(12) 壁面を焼くというほかに例のない袋状竪穴は、食糧貯蔵施設であった可能性は否定しえない。しかし、現時点では、袋状の土坑が北部九州と防長地方に限られること、内部を焼いていない土坑も存在すること、深さが一メートルに達せず、袋状でない土坑も数多く存在することなど、貯蔵穴の要件を満たさない袋状土坑もあり、一律に貯蔵穴とみなしうるか問題がある。とくに、内部を焼いていない袋状竪穴は、ただの土坑となんら変わらず、なぜ貯蔵穴とみなすのか疑問である。

袋状竪穴より小型で方形の竪穴を、中国の「窖穴《こうけつ》」と呼ばれる貯蔵穴になぞらえ、野菜やイモ類を貯蔵した土坑とする意見があるが(13)、気候・風土の相違を考えると、これまた疑問とせざるをえない。仮に、野菜やイモ類の貯蔵穴だとすれば、この種の貯蔵穴が近年まで農村部を中心に存在していたことを考えると、弥生時代のみならず、古墳時代以降の遺跡からも同種の土坑が全国的に検出されてよいはずである。ところが、弥生時代の北部九州を除いてこの種の土坑の報告はほとんどない。この事実は、この種の土坑が貯蔵穴なのか再検討する余地があることを示している。壁面を焼いた袋状竪穴は貯蔵穴の可能性があるが、そのほかはいずれも貯蔵穴とするにはいささか疑問とせねばならない。

## 堅果類

土坑を貯蔵穴とみるのは、奈良県唐古・鍵遺跡など西日本を中心に、土坑から堅果類や穀類が出土するためでもある。唐古・鍵遺跡の第一一次調査で検出されたＳＫ−18という土坑（ドングリピット）には、一〇リットルほどの堅果類が貯蔵されていた(14)。一〇リットルといえば、ポリバケツ一杯ほどである。どう食べるのかにもよるが、一〇リットルのドングリでは家族五人としてせいぜい五〜六日程度しかもたないのではなかろうか。これでは食糧を貯蔵したといえる量ではない。しかも、このドングリピットの底面直上から稲の穂束が検出されており、この土坑が、たんなるドングリピットだった

ドングリピット（奈良県唐古・鍵遺跡）

のか問題とせざるをえない。しかも、弥生時代の堅果類を出土する土坑（ドングリピット）は、唐古・鍵遺跡のように湿潤な低平地から検出される例が多い。このような湿潤な地が、貯蔵に適さないことは縷々述べてきたところである。このためドングリピットをアク抜きのための水さらし場とみる説もある[15]。しかし、渡辺誠は、地下水が浸透することのような遺構では、アクは抜けないと指摘している[16]。また、ドングリピットと呼ばれる土坑からは、一部を除いて、ごく少量しか出土しないか、まったく検出されない例がほとんどである。仮に、貯蔵されていた堅果類が取り出されたあとだと考えても、山口県の岩田遺跡（縄文時代晩期[17]）や、福岡県の門田遺跡（弥生時代後期[18]）のドングリピットのように、保存のための木の葉や小枝・蓋石などが残っていてもよいはずであるが、そのような例もきわめて少なく、土坑の形だけでドングリピットと判断している例がほとんどである。様式論を旨とする考古学ではいたしかたないことかもしれないが、実証的というにはほど遠い論考といわざるをえない。

出土した穀類で最多なのは、唐古（池）の第101号竪穴から発見された一斗以上ある炭化米であろう。(19) 一斗は一八リットル、ポリタンク一杯分である。五人家族で一日五合食べたとすると、約二〇日程度の食糧となる。このくらいの量のコメが入った土坑が何基かあれば、備蓄米としての機能を十分果たすことができたであろう。しかし、先にも述べたように、唐古・鍵遺跡のような湿潤な低平地の土坑では、たとえ短期間であってもコメを保存することは不可能である。では土坑から出土するコメは、いったい何の目的で入れられたのか。唐古・鍵遺跡の土坑や「井戸」からは、量の多少はあるものの、しばしばコメが出土する。このようにあちこちからコメが出土する遺跡は、全国的にも珍しいのではなかろうか。これが唐古・鍵遺跡特有の現象なのか、弥生時代の普遍的な現象なのかは改めて問うことにするが、いずれにしても日本人のコメに対する観念を考えると、なんらかの祭

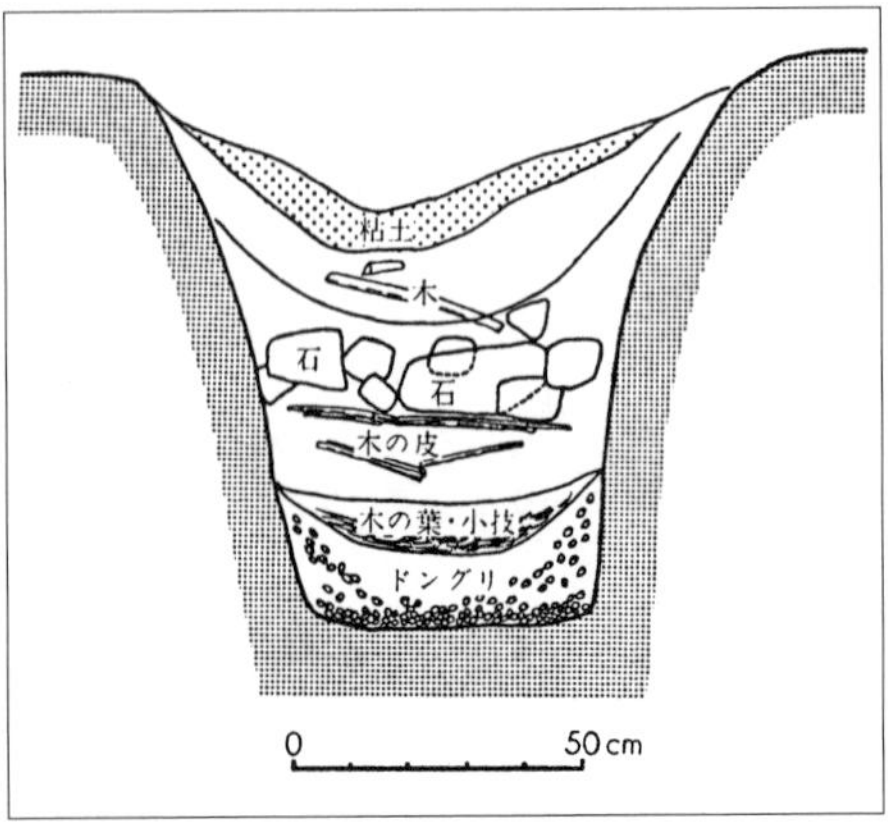

ドングリピット実測図（山口県岩田遺跡）

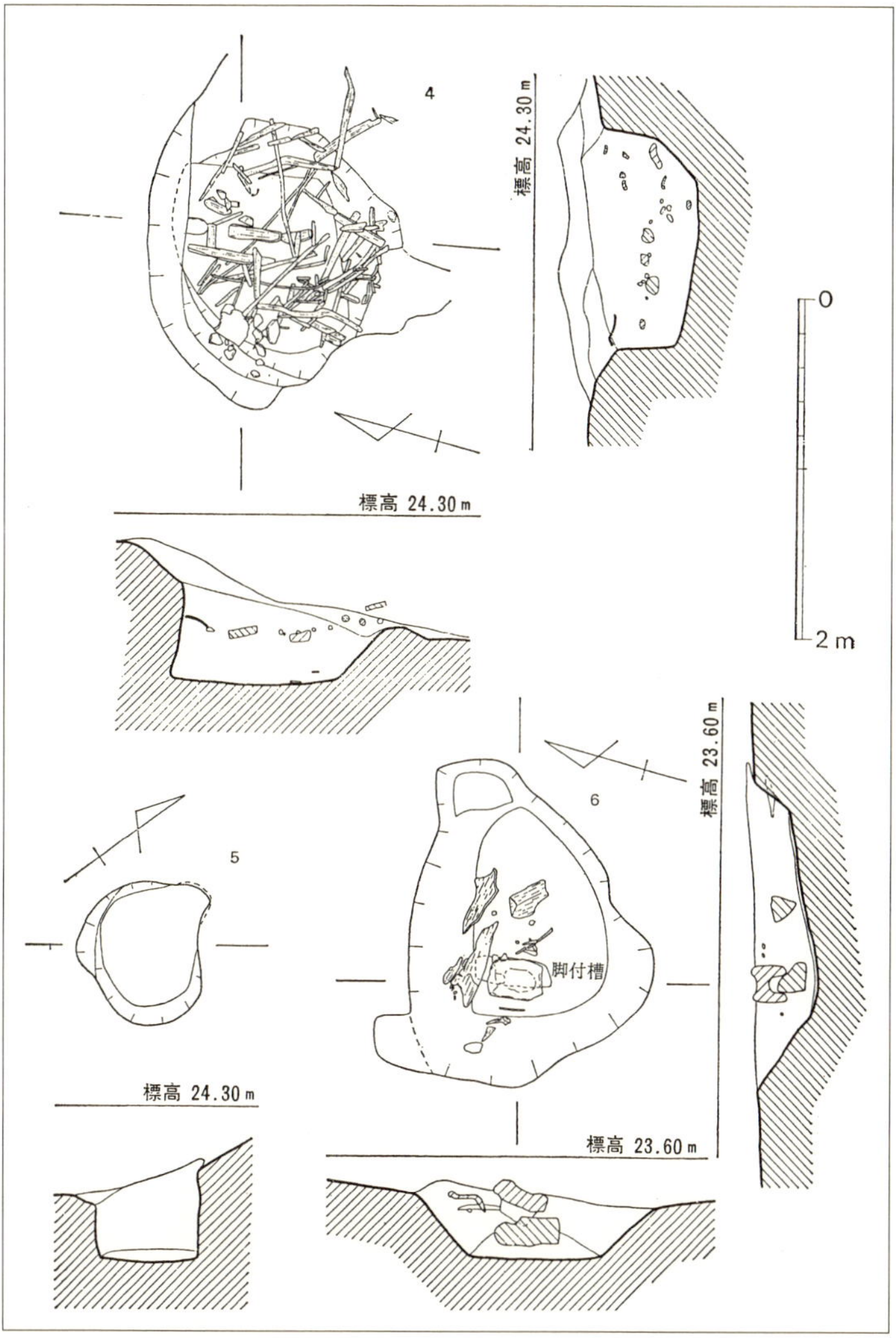


ドングリピット実測図（福岡県門田遺跡）

祀的な意味で土坑内にコメが投入された可能性がきわめて高い。

## 二　木器貯蔵穴

弥生時代前期の土坑のなかに、木器貯蔵穴と呼ばれるものがある。木器貯蔵穴とは、木器の未製品や原木などを浸漬《しんし》（貯木）したとされる土坑で、平面が長方形や楕円形で底面が平坦なタイプと、そのような特徴的な形態をとらない不整形なタイプに分かれる。[20] 木器貯蔵穴から出土する木製品は、たいていの場合数点で、多くとも一〇点未満である。それもミカン割りした原木、原木を整形しただけの未製品、加工した原材から切り離された完成直前の未製品というように、各工程の木製品がセットで出土したり、同一工程の木製品が集中して出土することはなく、農具・工具・容器・祭祀品など木器の種類も異なれば、未製品・完成品・廃棄品などさまざまな工程のものが一緒に出土する。また、木製品とともに土器や石器なども出土している。このような土坑を考古学では、貯蔵していた木器が取り出されたあとの残骸とか、木器貯蔵穴の役割を終えた廃棄土坑とみなしている。[21] 唐古・鍵遺跡の木器貯蔵穴は、弥生時代前期を中心に四〇基ほど検出されている。[22] この数が多いか少ないかは議論の分かれるところであるが、発掘面積や弥生時代前期という時期に限定されることを考えると、唐古・鍵遺跡がいかに人口密集地であるといっても、このように数多くの木器貯蔵穴がはたして必要であったのだろうか。

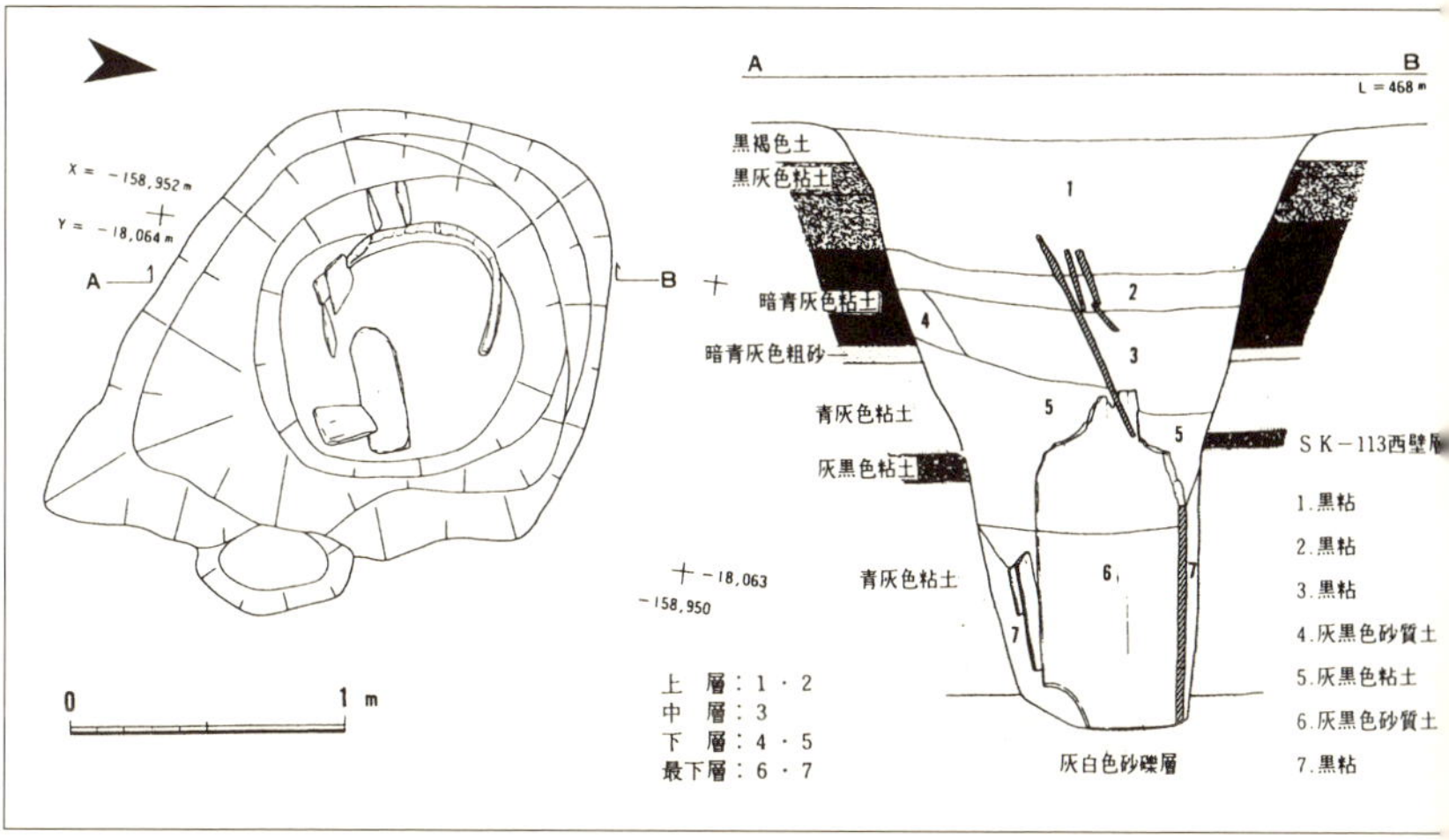


木器貯蔵穴実測図（奈良県唐古・鍵遺跡）

さらに、木器を貯蔵（貯木）するというが、そもそも木器を水のなかに浸す必要があるのだろうか。原木は、樹脂を抜くため水中に貯木されることはある。しかし、前挽き大鋸《おが》で厚さ三ミリの板を製材する原木は、二〜三か月寝かしておく（乾燥させる）だけで十分であるという[23]。また、奈良時代に聖武天皇が造営した、滋賀県甲賀市信楽町で発見された紫香楽宮跡の宮殿に使用された檜の柱材も、伐採した直後に使用されたことが年輪年代学から明らかにされている[24]。そして紫香楽宮跡からは、樹皮が付着したままの柱材が何本も出土しており[25]、伐採してすぐに宮殿の柱に使用されたと考えられ、木材を水中で貯木したり、何年も自然乾燥して使用したわけではないことが知られる。このような原木の扱いをみると、半製品をわざわざ水に浸したのか疑問視せざるをえない。江戸時代の下駄屋の店先には、半製品の下駄がうず高く積み上げられていたように、未製品・半製品は、天日で乾かして加工するのが原則である。弥生時代前期には、鉄製工具が十分に普及せず、いまだ石製工具で加工していたため、水に浸して表面を柔らかくして穴をあけたり、削ったりした可能性は否定できない。しかし、ケヤキやカシのような広葉樹の芯まで水を滲み込ませれば、乾燥の過程でかえって歪みや割れを生じやすい。現代でも、広葉樹を加工する場合、表面を若干湿らせて整形するというが、これは石製工具でもおなじであったろう。木器を製作するのに、浸漬《しんし》という過程が必要であれば、木器貯蔵穴は弥生時代だけでなく古墳時代以降も発見されてしかるべきであるが、現時点ではそのような報告はない。これらの点から、木器貯蔵穴とされる土坑が貯木施設であったというのは疑問である。

## 三　廃棄土坑

土坑のいま一つの性格として、廃棄土坑、いわゆるゴミ捨て場とする説がある。しかし、少なくとも近世以前の社会において、ゴミがたんなる廃棄物であったかどうかは、アイヌの「物送り儀礼」にみられるようにきわめて疑問である。(26) まして、ゴミ穴とされるそれらの土坑からは、完形に近い土器や、口縁や頸部を故意に打ち欠いたり胴部や底部を穿孔したりした祭祀品と考えられる土器が出土したり、また同じ穴に時期の異なる土器が、次つぎに廃棄された例や、層状になった炭化物や灰が見つかったりするのである。さまざまな遺物が廃棄されたような状態で出土するからといってたんなるゴミ捨て穴とみなすのは、あまりにも現代的解釈であるといわざるをえない。

## 四　祭　祀

以上、さまざまな土坑について考察を加えてきたが、石野博信はこれらを総括するかたちで、

弥生時代の集落には、完形土器を含む穴をともなうことが多い。さきに検討したように、これらの穴の多くは貯蔵穴と考えられるが、そのうち水辺にあるものについては他の機能を考えた方がよいかもしれない。機能の一つとして、縄文時代以来の堅果類のシブヌキも検討すべきであるが、穴の中に含まれている遺物によっては祭祀的な性格を認めてもよいものがある。

と、土坑のすべてが実用的というわけではなく、祭祀（カミマツリ）に使用された土坑も存在すると指摘している。(27) この指摘は、土坑をカミマツリに使用された穴とみる私の考えに勇気を与えてくれるものである。以下では、いくつかの事例と論考をまじえてこの説について具体的に述べてゆきたい。

### 土器の出土

いわゆる祭祀土坑とされる遺構には、奈良県唐古・鍵遺跡第八次のＳＫ－17（弥生時代前期）(28)、第一

一次調査のＳＫ－03、ＳＫ－17、ＳＫ－19（弥生時代後期）[29]、第二六次調査のＳＫ－2116（弥生時代中期後葉）[30]、奈良県大和郡山市・登志院遺跡のＳＫ－15（古墳時代前期～中期初頭）[31]、奈良県桜井市・大福遺跡の土坑1（古墳時代前期）[32]、大阪府和泉市・大園遺跡VI次調査のＳＫ－250（古墳時代中期）[33]などが代表的な例としてあげられる。これらの土坑には、完形の土器や口縁を打ち欠いたり、胴部を穿孔したりした土器、赤色顔料を塗布した土器、焼痕（それもきわめて不自然な焼けかた）のある木器、砥石などの石器、石塊などが投入されているほか、炭化物・灰などが混入されている。このような遺物を出土する遺構は全国的にも数多く検出されているが、祭祀土坑と報告されていないため、あまり注目されることもなく、看過されているのが現状である[34]。

だがいくつかの注目すべき指摘や論考もみられる。たとえば唐古・鍵遺跡第一一次調査の報告書は、第一一次調査では二〇に及ぶ前期の土坑が検出されている。これらの土坑群の性格は従来より、貯蔵穴や納屋的性格のつよい施設であるとの考えが定着しつつあるが、これが後期の儀礼用土坑や前期のドングリ・ピットなど、微湧水を前提とした施設と同様の立地を示すところに未だ再検討の余地はあるように思える。とくにイネの穂束や記号文ある壺を出土したＳＫ－17や、ＳＫ－19のように杭と横木によって囲い杖の施設を設け、完形・半完形などの土器と木製容器、植物種子とともにイノシシの頭骨および下顎骨（一体分）を検出した例などはきわめて儀礼的な色彩を感じさせるものである。

土坑出土の祭祀的土器（奈良県唐古遺跡）

と、出土遺物の内容によっては儀礼用の土坑とみなすべきであるとしている。[35] ここで目を引くのは「後期の儀礼用土坑」という語である。これは唐古・鍵遺跡第八次調査のＳＫ－03の項の

> 弥生後期において〝井戸〟状の形態を備える土坑が大和では多数検出されている。それらは中期までの土坑とは平面形態・規模が大きく異なり、このような〝井戸〟状の土坑が後期になって増加する現象は見のがせない。今回、検出された土坑も完形土器（記号文を有する壺を含む）を含み、シルト層まで掘っている点から従来の後期の土坑と同様の様相を示している。なお、これらの土坑は群在す

る傾向にあり、今後集落の中で位置づけていく必要がある。

という記述を指すと思われる。[36] 井戸状の形態とは土坑が深くなって地下水面にまで達していることを、完形土器は口縁を打ち欠いたり胴部を穿孔した祭祀的土器と考えられる。弥生時代中期中葉から出現する「井戸」の形態そのものである。この土坑をなぜ「井戸」と呼ばないのかは明らかでないが、地下水が湧出し、祭祀的土器が出土する深い土坑を祭祀土坑とする同報告書のような例は、『大園遺跡発掘調査概要VI』の「付論」にもみられる。[37]

さて、大園SK250・251に近似した内容をもつ土坑を概観したのであるが、その中でいくつかの共通項がみられた。(1)湧水点に達するまで大きな穴を掘削する。(2)完形品を含む多量の土器を投棄する。(3)投棄された土器の器種は、小形丸底壺や高杯が多い。(4)火をうけた木製品(木)がみられる。(5)祭祀的様相を帯びる遺物(土器以外の)が伴出する。まず、(1)については、何のために穴を掘るのか。土器廃棄のための穴(ゴミダメのようなもの)ならば、きれいに掘削する必要もないし、底面は特にフラットでなくてもよい。つまり、湧水点に達するまで穴を掘ることが重要なのであり、常に水が溜っていなければならないのであろう。いいかえれば、池のような機能が考えられる。(2)については、日常、使用している土器を割れたからといって捨てているのではない。何か、特別な使用を行った土器を捨てている状態なのである。さらに、小形丸底壺や高杯等

出土した竪櫛（大阪府大園遺跡）

の祭祀的様相を帯びている土器の割合がすこぶる高いというのは、「供える」という意味が強く作用していると考える。それも、土器の赤色顔料の塗布、祭祀的様相を強調しているし、底部穿孔の土器は、実用性そのものを否定している。(4)については、火の使用を認めうることである。何のために火を使用するかは明確でないが、意味があろう。

(5)の意義は重要であろう。大園ＳＫ250では竪櫛、纏向《まきむく》辻・土坑4では木製高杯・黒漆塗の木製皿・竪櫛等、大福・土坑1では双孔円板・管玉等が出土している。いずれも、だれでもが日常使用し持ちうるものではない。それらは装飾品であり、供献品であろう。まさに祭祀的な遺物なのである。

このような諸点を具備する祭祀はどのよ

うな性格のものであろうか。それは大地に対する祭祀であろうし、土器を多量に使用する点で、農耕儀礼に伴なうものであろう。実際には、目に見えない対象物に対して供献し、火と水を使用する祭祀なのであろう。つまり、ムラの年毎の豊作の豊穣を願うために、とりおこなう祭祀といえば、うがちすぎであろうか。おそらく、居住地の近辺で遂行しているのであろう。さらに、これらの土坑の祭祀が纒向《まきむく》を除いて、五世紀前半に集中しているのは重要であろう。

ここでは五世紀前半の祭祀土坑を取り上げているが、その性格は唐古・鍵遺跡における弥生時代後期の儀礼的土坑となんら変わるものではない。弥生時代前期・中期の儀礼的（祭祀的）土坑とも、地下水面まで掘り込んであるという点を除けば、ほとんど違いはないのである。さまざまに性格づけられる土坑のなかで、弥生時代前期から古墳時代前期まで、ほぼ断絶することなく造り続けられたのは、祭祀的な性格を有するこのような土坑のみである。この事実から、土坑の多くはなんらかの祭祀にかかわっているとみるのが妥当であろう。

一般に、祭祀土坑は居住地の近辺で検出されると考えられているが、北部九州では墓域で検出される例がしばしばみられる。墓域内の祭祀土坑は、弥生時代中期後葉に出現し、後期まで続くという。とりわけ出現期には、丹塗《に》りの土器が数多く投入されている。この祭祀土坑について、福岡市吉武遺跡群の報告書は、「墓地内で検出された三基の祭祀土坑は何れも小型の円形竪穴に数個の丹塗り土器類を主に投入するもので、他に溝状の施設とかの大形遺構をともなう例と異なり、謂はば個別甕棺へ

の祭祀と考えられまいか」と述べている。[38] また、佐賀県三養基《みやき》郡上峰村二塚山の報告書では、

以上のようなことから墓地に伴なう祭祀は、弥生時代中期中頃より少し時期が下って出現している。このことは二塚山墓地における祭祀遺構の出現も、北部九州での墓地に伴う祭祀遺構出現の時期と規を同じくしており、銅鏡などを副葬される個人（共同体の成員としての個人）に対する集団的な祭祀なのかということは今後の検討に待たなければならない。

と述べられている。[39] さらに、福岡市那珂遺跡二一次調査では、「両土坑間にほぼ同時期を中心とした甕棺墓を主体とする墓地群が形成されていること、祭祀土器が両土坑で多量に出土していることから、本土坑はＳＫ－49などとともに墓地を区画する墓地祭祀の土坑と考えられる」として、墓地群の両端に墓域を区画するように祭祀土坑が配置されていると指摘している。[40] このように墓域内の祭祀土坑は、性格は一様ではないが、墓域内にあることは否定しえない。ただ、このような祭祀土坑は北部九州を中心に検出されており、近畿地方では例をみないようである。弥生時代の北部九州と近畿地方は、考古学的にみて、かなり異なった風習や文化をもつようであるが、これも、そのひとつであるのかどうか今後の研究課題である。

## 遺物の投げ入れ

時代はやや下るが、「井戸」と土坑、さらに祭祀とのかかわりについて考察した興味深い論考がある。奥州藤原氏三代の居館とされる平泉町柳之御所跡で検出された井戸状遺構に関する論考である。少し長いので、要所だけをピックアップする。[41]

堀内部地区出土の特徴ある遺構の一つに、井戸・井戸状遺構がある。それらは建物の周辺に多く造られ、かわらけや木製品を多量に含むものも比較的多くある。『本文編』で述べた通り、井戸側が残存した遺構は二基しかなく、他は日常的に用いられた井戸とは断定しがたい要素が多い、ただし、物質文化と人間とのかかわり方には様々な様相が有り得るので、複数の属性から、これらの遺構がどのような理由で存在したのかを推測してみる。以下では、井戸状遺構は機能としては井戸であったのか否かの検討を基軸に、考察をおこなう。

……

井戸側がなくとも、素掘の井戸として利用できたかもしれない。だが、それらの遺構の調査中に土が乾燥したり、水を含んで重くなったりすると、周囲の土が崩れそうになったりしていたことを考えると、土が崩壊した痕がほとんど見られない遺構が多いこれらの施設は、あまり長い間、空間を開けたままの「穴」の状態では、放置されていなかったことが想像できる。

……

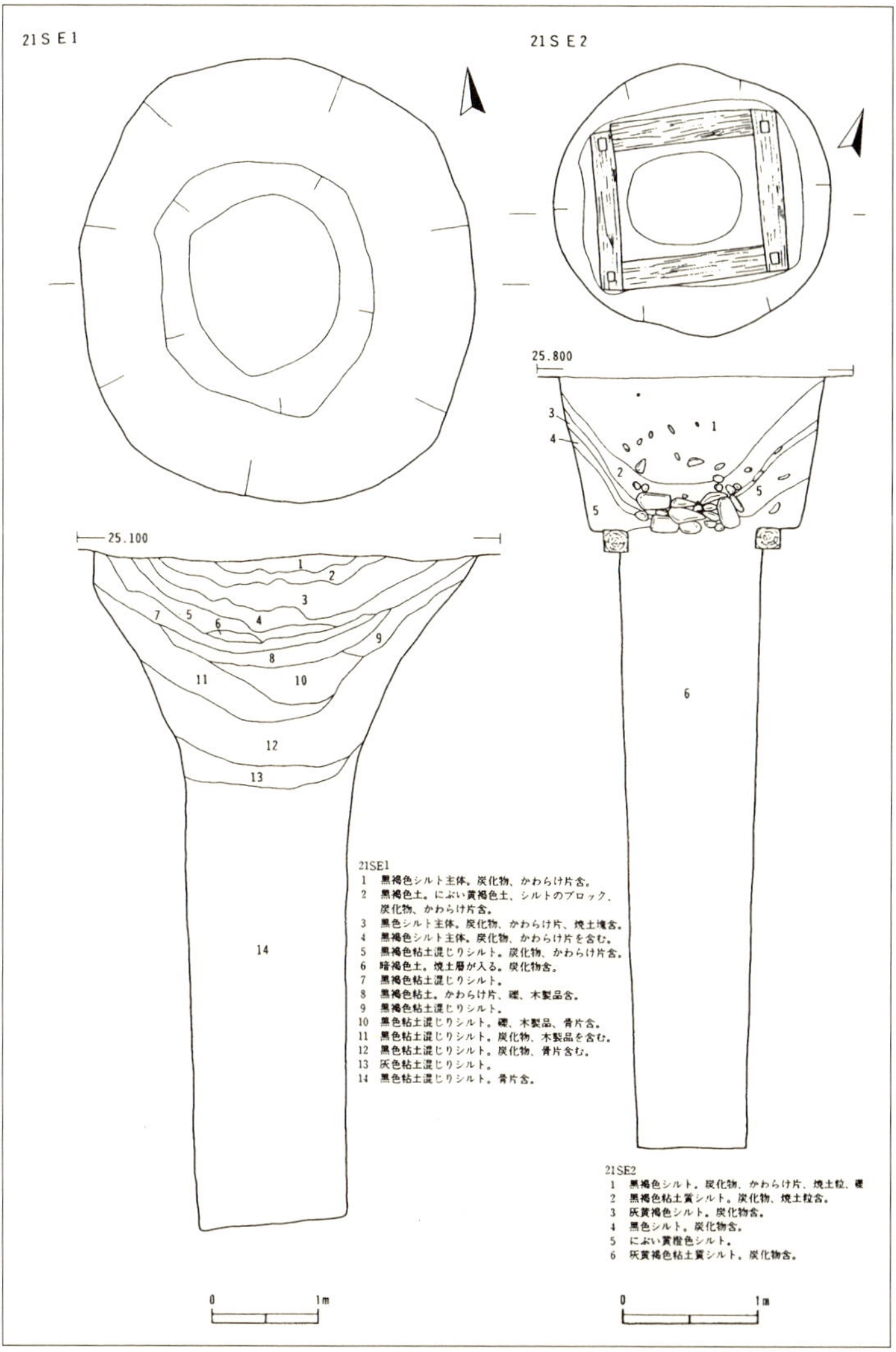
21ＳＥ1
21ＳＥ2
25.800
25.100
21SE1
1　黒褐色シルト主体。炭化物、かわらけ片含。
2　黒褐色土。にぶい黄褐色土、シルトのブロック、炭化物、かわらけ片含。
3　黒色シルト主体。炭化物、かわらけ片、焼土塊含。
4　黒褐色シルト主体。炭化物、かわらけ片を含む。
5　黒褐色粘土混じりシルト。炭化物、かわらけ片含。
6　暗褐色土。焼土層が入る。炭化物含。
7　黒褐色粘土混じりシルト。
8　黒褐色粘土。かわらけ片、礫、木製品含。
9　黒褐色粘土混じりシルト。
10　黒色粘土混じりシルト。礫、木製品、骨片含。
11　黒色粘土混じりシルト。炭化物、木製品を含む。
12　黒色粘土混じりシルト。炭化物、骨片含む。
13　灰色粘土混じりシルト。
14　黒色粘土混じりシルト。骨片含。
21SE2
1　黒褐色シルト。炭化物、かわらけ片、焼土粒、礫
2　黒褐色粘土質シルト。炭化物、焼土粒含。
3　灰黄褐色シルト。炭化物含。
4　黒色シルト。炭化物含。
5　にぶい黄橙色シルト。
6　灰黄褐色粘土質シルト。炭化物含。
0
1m
0
1m

井戸跡・井戸状遺構実測図（岩手県柳之御所跡）

柳之御所跡堀内部地区から検出された井戸状遺構は、日常的な水使用のために造られた井戸であるよりも、別の目的をもった遺構であった可能性が指摘できた。それは、他遺跡で検出された井戸側を持つ井戸の埋まり方と堀内部地区出土の井戸状遺構の埋まり方との比較や建物の数と井戸状遺構の数の関係などから推測された。堀内部地区出土の井戸状遺構の場合、特に、かわらけの出土量が膨大であった。

井戸状遺構はなんらかの行為に用いられた可能性が考えられたが、具体的には不明である。ただし、大きな容積を持った空の穴と認識されるようになってからは、様々な遺物を入れる遺構となったものもあり、穴に物を入れることが重要な使い道であった遺構もあったようである。例えば、遺構内に物や土が堆積されてゆく過程で、28ＳＥ16には呪符が二枚いれられていた。

これはまったくの推測であるが、深い穴は、他界への境界としても認識されており、井戸状遺構が埋められる過程では、その認識のもとに利用されていたのではあるまいか。堀内部地区には他界への境界が多数あったということになろう。そして、その中にはその遺跡で最も多く利用された物質であるかわらけが多数捨てられたのである。

多くの場合、建物の周辺に少し深い土坑が掘られていれば「井戸」とみなされるが、そうとも限らないことをこの柳之御所跡の土坑は物語っている。これは「井戸」を考える際きわめて重要な指摘である。また、土坑が建物の周囲に建物の数よりも多く、しかも短期間に次々と掘られるのは、北部九

弥生時代の井戸（滋賀県二の畦・横枕遺跡）

州の袋状竪穴とも共通する点であり注目される。さらに、深い穴は他界との境界（通路）という指摘は、大園遺跡の土坑論で述べられており、土坑は、地下他界に住まうカミがこの世に顕現するための通路であるとする私の中空構造論そのものでもある。後に詳しく紹介したい。

以上、「井戸」と各種の土坑を概観し、これらの遺構の多くが、定説のように「井戸」でも食糧貯蔵穴でも木器貯蔵穴でも廃棄土坑でもなく、たんなる〈穴〉にすぎない可能性の高いことを指摘してきた。このように土坑をいくつもの種類に分けず、たんなる穴とみた場合、そこに共通する機能は、地下他界のカミへの畏敬の念にもとづくカミマツリ（祭祀）のための穴という点である。章を改めて述べるように、土坑の祭祀と「井戸」の祭祀の内容はほとんど変わらない。たとえば、岡山県百間川原尾島遺跡4

の土坑34に関して、「大量の土器はいずれも後期のもので、その内容は井戸9に近似する」という記述は[42]、それを端的に示している。違いがあるとすれば、「井戸」は深く、地下他界のカミにより近いという意味では、祭祀的性格がより強いと考えられる。そうした場合、弥生時代前期の土坑は概して浅く、祭祀的要素も希薄であるということになる。しかし、弥生時代中期になるとしだいに深い土坑が増えはじめ、「井戸」と呼ばれる土坑のように地下水面まで達するものも掘られて祭祀的要素がきわめて高まる。その傾向は、弥生時代後期から古墳時代前期まで継続するが、祭祀的要素は、前代に比してやや形式化する。そして、古墳時代中期以降は、深い土坑も浅い土坑も激減し、祭祀的要素も希薄化する。このように弥生時代前期以降、人びとは何かに衝き動かされるように穴を掘り、その穴に土器や木器・炭・灰を投入するのである。それはだんだんエスカレートして、より深く、数も増えてゆく。その深く掘られた穴を考古学は「井戸」とみなしているのではないか、と私は解釈した。

## 五　枠組みのある井戸

しかし、私のこの解釈を根底から覆すような「井戸」がある。刳り抜いた丸太や板材を井戸枠に用いた「井戸」である。この「井戸」が、いわゆる井戸であることは私も認める。しかし、私はこの「井戸」を飲料水などの生活用水を得るために築造されたとは考えない。前述したように、飲料水には近くの自然流路や溝の水を利用し、地中に掘った穴に溜まった水は飲料用ではないからである。丸太や板材を用いた「井戸」は、弥生時代中期から古墳時代末までの約六〇〇年間に、全国で八〇例[43]を数えるにすぎないきわめて特殊な施設で、飲料水を得るために築造したとはとうてい考えられない。それでは、「井戸」以外にどのような用途が考えられるであろうか。私は、大阪府の池上曾根遺跡で弥生時代後期中葉の大型建物とセットで発見された巨大な丸太刳り抜き「井戸」や、群馬県の三ツ寺遺跡で古墳時代中期の首長居館とセットで発見された丸太を半分に縦割りして刳り抜いた「井戸」の例などから、飲料用の井戸というよりも、首長が執りおこなうカミマツリ（祭祀）のための特別な道具としてつくられた「井戸」とみなす。この点については後に述べることにして、さまざまな性格を付された土坑も「井戸」もすべてただの土坑（穴）だとすれば、なぜそのような穴を掘ったのかを改めて問わねばならない。そこで、弥生・古墳時代の「井戸」が井戸でないことを証明するためにも、井戸を埋める際にカミマツリをおこなわなければ祟りがおこると恐れられている理由を明らかにするためにも、粘土採掘坑の跡に完形の土器を埋置した理由を明らかにするためにも、その謎に挑んでみることにしよう。

## 地下に住まうカミ

私は、前著『下駄』のなかで、日本人は、カミは地下に住み、井戸や便所など中空（空洞）なるものを通路にしてこの世に現われたり地下に戻ったりするという地下他界観念を基層信仰にしていたことを明らかにした。私が〈中空構造論〉と名づけた日本人のカミ観念について、ごく簡単に触れる。

現代日本人のほとんどは、カミは天（天上他界）に住まわれ、天高く聳える山や樹木や柱などに降臨する、死者の霊魂は山や空の彼方の天上に赴くと信じている。しかし、カミは天上に住まうと古来、日本人は本当に考えてきたのであろうか。佐野賢治が、

我が国には体系的星神信仰が存在しないこと、その欠如の理由等を考えることは日本人の世界観、自然観の一端を明らかにする方法となるであろうが、逆に日本での星神信仰は体系的な中国の星神信仰が宗教者によって民間に沈下して行く、一方的な過程と把えてもよいことを示唆している。

と述べているように、古代人は星や月や太陽に無関心であった。(44) 天界に無関心であった古代人は、天上他界にカミが住まうと考えたであろうか。

〈天〉と対をなす語は〈地（根国）〉である。『日本書紀』には、根国《ねのくに》という語が一一例使用されており、「妣《はは》の国なる大地」の意とされる。(45) 古代日本人が、妣なる大地とみなした根国（地下）に寄せる想いは、天にたいする想いとは逆にきわめて熱く根強いものがある。死者の霊魂が赴く黄泉《よみ》国が、漆黒の闇が支配する世界、すなわち地底の根の国に存在すると考えられていたこと、神仙世界の一つとして語られている竜宮が、海中（海の底）、すなわち地下に存在すると考えられていたこと、罪障深い人間が堕ちると信じられていた地獄が、おどろおどろしき地下に存在すると考えられていたことなどに、それは端的に表われている。また、地面に開いた穴に転げ落ちたオムスビを追いかけて地中に入

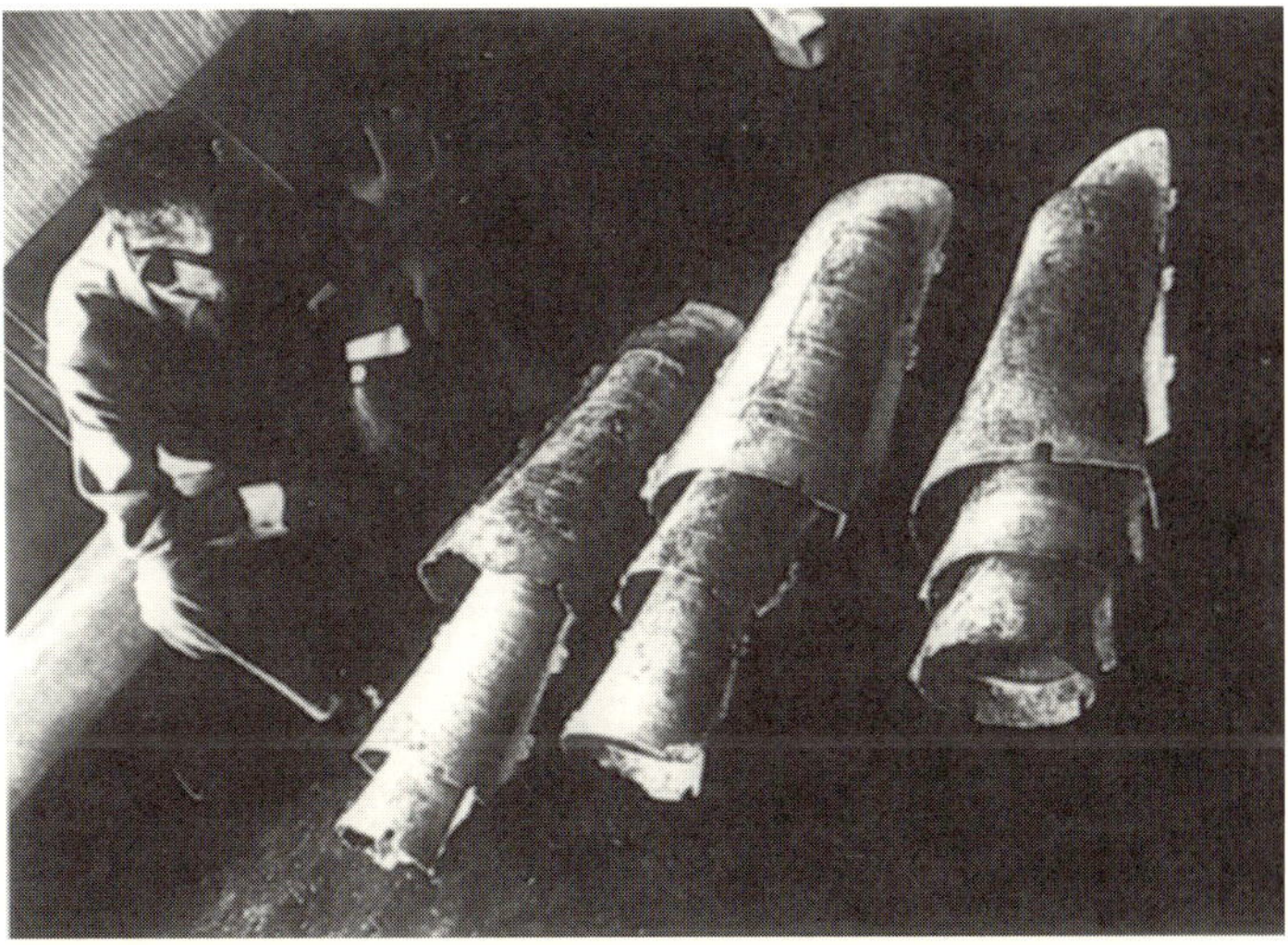

銅鐸が入れ子に埋納されていた状況の復元

ってゆくと、ネズミ（根の国に棲む動物）の世界に至り、歓待をうけたというネズミの浄土譚も、地下に豊かで平安な世界が存在すると信じていたことを示すものである。萩原秀三郎は、

> 私は〝生命は大地より湧出し、大地に帰る〟という観念があったと考える。〝おむすびころりん〟の民話で知られる「鼠の浄土」なども、そのまま直截に地の底と考えている。……地下へ死霊は往き、かつて神々も湧出した。大地の神々は、鬱蒼として冥《くら》い、蒼き神々であった。

と、地下が生命を育む場であったと指摘するとともに、カミが地下から顕現していたとも述べている[46]。なぜ、地下が生命を育む場と考えられたのか。三品彰英は、さて初期農耕の段階においては、作物の生育に関する基本観念は大地の生育力に対する信仰に由来し、それに応じる宗儀を構成し、またその農作物的原理が人間の生命の原理ともなっていたのである。『豊後国風土記』逸文に見える「餅の的」の話のように、生命力＝地霊・穀霊が白鳥の形で飛び去ったので、球磨郡は全く不毛の土地と化したという奈良時代になってもこの土地には手を焼いており、いわば地力のない不毛地の事実を古代人はそのように説明して理解していたのである。この大地の力を確保し、それを力づけること、それが古代人の農耕技術であり呪儀であった。このように初期農耕の文化段階においては、地霊観念を核心とする地的宗儀を発達させたのである。

と、原始・古代の人びとは、栽培作物だけでなく、人間も含めてあらゆる生物は、地下に住まうカミの力によって成長すると考えていたという[47]。農耕社会の成立、つまり稲作の本格的な開始（弥生時代の開始）にともなって、地下に生命を育む力をもつ霊（カミ）が住まうという観念が芽生え、その観念がしだいに体系化して地下他界観念になったと私は考えている。それでは、地下他界観念と土坑はどのように関連するのであろうか。

人びとが、その年の豊作を願ったり、収穫を感謝したり、共同体の平穏を願うとき、地下他界に住むカミをこの世（人間世界）に呼ばなければ、マツリは始められない。地下からこの世にカミを呼ぶために、人びとはどのような行動をとったのであろうか。現代の私たちならば、カミを呼ぶための道具を鳴らしたり所作をすれば、時空を超えてこの世にカミはまっすぐ顕現すると考えるであろう。しかし、弥生人は、カミがこの世に顕現するためには、地下からこの世に来たる道、喩えるならトンネルのような通路がなければ来臨できないと考えていたようである。だが、現実には何十メートルも地下を掘ることはできないから、地面に穴を掘って通路となるような空洞の人工物、たとえば銅鐸や鉄鐸、梵鐘などを地下に埋めたり、植物で中が空洞のウツキや竹などを通路に見立てたりしたようである。土坑は、地下他界に住まうカミをこの世に呼び出す通路だったのではないかというのが、私の考えである。この想定に立つと、「大地の祭祀」「他界への境界」といった大園遺跡や柳之御所遺跡の土坑論が理論的裏付けをもって蘇るのである。

## カミの通路

それでは地下他界に住まうカミの通路とみた場合、土坑をめぐるさまざまな問題はどのように解釈できるであろうか。

最大の問題は、土坑の表面や底面の形態の相違、深さの相違である。深さに関しては、土木技術の発達とかかわるかもしれないが、当初（弥生時代前期）はカミ観念が未成熟であったため、地面に穴を掘るだけでこと足れりとし、深さを問わなかった可能性が高い。しかし、弥生時代中期頃にカミ観念が成熟度を増すと、深い土坑のほうがカミの顕現も容易になるだけでなく、より霊力の強いカミが現われると考えるようになったのではないか。深く掘れば、地下水面の浅い場所では水が湧くことがある。大園遺跡の報告者は、この湧出する地下水のみを重視したのである。地下水の量が多ければ、土坑の底部に地下水がブクブクと泡立つように湧き出てくる。鉄釜は本来飯を炊く道具ではなく、湯を沸かす道具である。その鉄釜が、なぜか湯立ての神事や正邪を判定する盟神探湯《くかたち》など、カミと深くかかわる道具として用いられてきた。それは、湯を沸かした時に釜の底からブクブクと泡が沸き出てくる様子を、人びとがカミの顕現とみなしたためである。ではそうした観念はなにを契機に生まれたのだろうか。

私は、阿蘇山南麓の〈白川水源〉と呼ばれる湧泉を訪れたことがある。湧出量毎分六〇トンという滔々たる流れ[48]を参道沿いに辿ってゆくと、湧泉の底まで見える透明な水を湛えた静寂な空間に到る。日本人のカミ観念に重要な位置を占める白という色は、本来この水のように無色透明な〈色〉を指していたのかもしれないと思いつつ、ふっと湧泉の底を覗くと、底の砂を吹き上げるように水があちこちでブクブクと湧き出しているではないか。その光景を見た瞬間、私は鉄釜の湯の湧く様子を思い浮かべた。そうだ、これこそ、地下他界からこの世にカミが顕現していると人びとが具体的に認識した現象であると私は確信したのである。

弥生時代中期中葉になって、より深く土坑を掘りはじめた人びとが、土坑からブクブクと水が湧き出してくる様をみてカミの顕現と考えたことは想像にあまりある。弥生時代中期中葉になると、水が湧出する地下水面まで掘り込まれた深い「井戸」とされる土坑が増加し、時には住居跡よりも多く掘られるようになるのは、地下他界にカミが住まうというカミ観念を視覚的に感得したからと私は考え

滋賀県高島市朽木大宮神社の湯立神事

ている。ところが、その「井戸」は古墳時代中期になると急速に姿を消す。残念ながら現時点では、その理由を明らかにすることはできないが、時代が下るにつれ、カミの顕現よりも霊力が重視されるようになり、カミを祀る人が共同体から選ばれた巫女や巫覡から、政治的・軍事的権力をもつ首長へと移行したためではなかろうか。水の湧出するような土坑や湧泉が、首長の神格化の道具として独占され、急速に減少していったと思われる。

弥生時代中期後葉の池上曽根遺跡の大型建物が共同作業場であったかどうかは別にして、その建物と丸太刳り抜き「井戸」は共同体成員のカミマツリのためのものであったことは、形態や規模・出土品などからみて疑いないであろう。ところが古墳時代に入ると、群馬県三ツ寺I遺跡の首長居館と丸太刳り抜き「井戸」にみられるように、共同体成員のカミマツリから、首長のためのカミマツリの施設へと変化してゆくのである。それは、三重県松阪市の宝塚一号墳から出土した井戸様施設をもつ一号囲形埴輪からもうかがわれる。また、近年、全国各地から報告が相次いでいる共同体成員を切り離した首長たちが、単独でおこなったとみられる湧水点祭祀とか井泉祭祀も、このような「井戸」・湧泉観念の変化を示すものと考えられる。

## 投げ入れる品

「井戸」のような円筒状の土坑は、浅い深いにかかわらず、カミの通路とみなすことにそれほど抵抗はないが、木器貯蔵穴のように長方形の底平で浅い土坑や、食糧貯蔵穴のような底部が袋状になった土坑、浅くて不整形な大小の土坑などは、どのように解釈すればよいのであろうか。これもまた現時点では解釈できないといわざるをえない。ただ、弥生時代の長方形の縦板組「井戸」も筒状であることに変わりなく、また、食糧貯蔵穴も、下膨れはしているものの基本的には円筒状である。また浅くて不整形な大小の土坑も、大きさの異なる円や楕円の土坑の集合体とみれば円筒形と解釈できるのではないか。しかしこの種の土坑を粘土採掘坑とする見解も捨てがたく[49]、今後は、粘土採掘坑を特定できるような手法の確立が望まれる。

土坑の性格を知るには、出土品を詳しく分析することがもっとも有効な手段であるが、投入品は埋井の祭祀と深くかかわるので、詳しくは別途埋井の祭祀を考察することとし、ここでは要点を述べるだけにする。

弥生時代前期の土坑から出土する遺物は全体に少ない。これは、土坑が浅いのとおなじく、カミ観念が未成熟であったためであろう。その少ない遺物のなかでも木器、とりわけ農具が多いのは、初期のカミマツリが農耕儀礼と深くかかわっていたことを示唆している。前期は土器の出土量も少なく、ほとんどが破片で、完形品はきわめて稀である。土坑に土器や木器を投げ入れたカミマツリが、土坑の周囲でおこなわれたのか、それとも別の場所でおこなわれたのかは明らかでない。土坑内から出土した土器はこなごなに割れている例が多い。そのため、一般にこれらの土器は廃棄品とみなされている。しかし、私は、土坑を神聖なカミの通路とする立場から、これらのこなごなに割れた土器は故意に割って供献したものと考える。こなごなに割れた土器のほかにも、完形や完形に復元できる土器、口縁や頸部を故意に打ち欠いた土器、胴部や底部を故意に穿孔した土器など、明らかに祭祀品とすべき土器が一緒に出土する例が多いためである。土器をこなごなに割るのは、土器の一部を故意に欠損させる一連の行為と無関係ではない。しかし、なぜ割ったり欠損させたりするのか、その理由はわからない。

なお、土器を打ち欠いたり、穿孔したりする例は、縄文時代の土器棺に少数みられるほか、古墳に副葬されたり、古墳築造の際の儀礼に使用された土器、中世の骨蔵器に数多くみられる。いまでも出棺の際に茶碗を割るのも、この系譜を引くのではないだろうか。

弥生時代前期の土坑だけでなく、弥生時代中期中葉以降の「井戸」、さらには律令時代以降の井戸からも炭や灰が数多く検出されている。現在でもカミマツリに火は使われており、カミマツリに火が重要な意味をもっていたことを示唆している。「井戸」や「井戸」以外の遺構から出土する木器のなかにも、火の痕跡があるものもあり、さまざまな場面で火を使用したことが知られる。それではなぜカミマツリに火を使ったのであろうか。火は木や鉄、悪霊をも焼きつくし、日本人がもっとも重視する清浄をもたらす強い霊力をもっていた。このため人びとは、カミマツリには必ず火を使用し、穢《けがれ》を祓ったのである。炭や灰も火に関係しているので、霊力を認めて土坑や「井戸」に投入したことは疑いえない。伊勢神宮の御師が〈神灰〉を持ち歩いていたことや、高野聖が所持した〈護摩の灰〉、御伽話の花咲爺さんが灰を撒いて枯れ木に花を咲かす話などは[50]、明らかに炭や灰の呪力と深くかかわっているとみてよいであろう。

土坑や「井戸」の出土品でいま一つ注目されるのは、砥石と塊石（礫）である。日本人は、手の平を少し丸めてできた凹み（掌）や頂辺が少し凹んでいる石にカミが宿ると考えていた。砥石も使用頻度が高くなると中央が凹んでくることから投入されたとも考えられる。しかし、弥生時代にこのような高度なカミ観念があったとは思われず、その理由は留保せざるをえない。また、塊石（礫）も弥生時代前期の土坑では数も少なく、石の大きさもそれほど大きくないが、「井戸」とされる深い土坑になるとひとかかえもあるような石が投入されていることも珍しくない。なお、律令制以降の井戸からも塊石（礫）が出土するが、瓦が出ることも多い。それも遠く離れた場所からわざわざ運んで投入する例もいくつか報告されている。井戸から出土する塊石（礫）と瓦については別に考えることにして、ここでは指摘するにとどめておく。

ところで、掘った土坑や「井戸」は人為的に埋めず、自然堆積にまかされる。弥生時代前期の土坑は全般に浅く、人為堆積か自然堆積か区別しづらいが、中期以降の「井戸」や通常の土坑の多くは、人為的に埋めて自然堆積にまかせるか、自然堆積したのちに人為的に埋めるかのいずれかである。集落遺跡を発掘すると必ずといってよいほど土坑は検出される。こうした土坑が埋められることなく自然堆積にまかされたとすれば、集落内は穴だらけになり、日が暮れてからは歩くことも困難になる。土坑よりも深い「井戸」が加われば、歩きにくいだけでなく危険ですらある。[51] なぜ土坑や「井戸」は人為的に埋めず、自然堆積にまかせるのであろうか。それは、カミの通路である土坑や「井戸」を埋めれば、カミの通行を妨害するだけでなく、通行中のカミを埋めてしまうことにもなり、祟りを招く恐れがあったためである。井戸を埋めるときに〈息抜き〉と称する竹を突き刺すのは、井戸を通路としているカミの通行を確保し、怒りを招かないためである。土坑も「井戸」も、たとえ埋めても半分程度にとどめ、あとは自然堆積にまかせるが、これはたとえ浅くとも凹み（穴）があればカミの通路は確保されていると判断したからである。浅くなった土坑を埋めるとき、再び多量の土器を投入しカミマツリをおこなうのは、カミの通路としての土坑観念をよく示している。水が湧出する深い「井戸」はより霊力の強いカミの顕現を期待できるが、それほど強いカミを必要としない場合は浅い土坑でもよかったのではないだろうか。

土坑を地下他界に住まうカミがこの世に顕現するための通路とみれば、深い土坑も浅い土坑も基本的におなじ機能をもっていたことが理解していただけたと思う。このことから、従来「井戸」とみなされてきた土坑は、飲料水を得るために開鑿された井戸ではないことも了解していただけたのではないだろうか。それでは、飲料水をはじめとする生活用水を得るために開鑿・築造された井戸はいつ頃、どのような契機によって出現するのであろうか。私は、仏教の伝来とかかわっていると考えるが、井戸の出現については改めて述べることにして、次章では弥生時代から古墳時代にかけての大型建物と「井戸」、居館と「井戸」、湧泉祭祀、囲形埴輪について述べることにする。



(1)『大和唐古弥生式遺跡の研究』京都帝国大学文学部考古学研究報告第一六冊、一九四三
(2)佐原真『大系日本の歴史　日本人の誕生』小学館、一九八七
(3)木下正史「貯蔵と調理」『弥生文化の研究2　生業』雄山閣出版、一九八八
(4)福岡県教育委員会『山陽新幹線関係埋蔵文化財調査報告第七集　下巻　春日市大字上白水門田・辻田所在門田遺跡辻田地区の調査』一九七八
(5)三朝町教育委員会『丸山遺跡発掘調査報告書』一九八四
(6)新訂増補国史大系『類聚三代格』後篇、承和八年閏九月二日付太政官符「應設乾稲器事」、河野道明「稲の掛干しの起源についての基礎的考察」『国立歴史民俗博物館研究報告第七一集』一九九七
(7)松村恵司「古代稲倉をめぐる諸問題」『奈良国立文化財研究所創立三一周年記念論文集　文化財論叢』一九八二
(8)前掲注4、福岡県教育委員会

（9）前掲注5、三朝町教育委員会
（10）山口県教育委員会『山口県埋蔵文化財調査報告第一六集　伊倉遺跡』一九七三
（11）神戸市教育委員会『楠・荒田町遺跡発掘調査報告書』一九八〇
（12）乙益重隆「袋状竪穴考」『坂本太郎博士頌寿記念　日本史学論集　上巻』吉川弘文館、一九八三、前掲注3、木下正史
（13）前掲注4、福岡県教育委員会
（14）奈良県立橿原考古学研究所「唐古・鍵遺跡第10・11次発掘調査概報」『奈良県遺跡調査概報　第一分冊一九八〇年度』一九八一
（15）前掲注12、乙益重隆
（16）渡辺誠『増補縄文時代の植物食』雄山閣出版、一九八四
（17）平生町教育委員会『岩田遺跡――山口県熊毛郡平生町』一九七四
（18）福岡県教育委員会『山陽新幹線関係埋蔵文化財調査報告第一一集　春日市大字上白水字門田・辻田所在門田遺跡谷地区の調査』一九七九
（19）前掲注1
（20）藤田三郎「弥生時代の井戸と唐古・鍵遺跡の井戸」『みずほ』第三〇号、大和弥生文化の会、一九九九
（21）唐古・鍵遺跡の発掘調査報告書の遺構説明による。
（22）川上洋一「集落内の構成要素――特に井戸と木器貯蔵施設について」『みずほ』第一七号、大和弥生文化の会、一九九五
（23）江戸時代以降、わが国最大の前挽き大鋸の生産地であった滋賀県甲賀郡甲南町在住の製材職の古老の話。
（24）光谷拓実『日本の美術421　年輪年代法と文化財』至文堂、二〇〇一

(25) 紫香楽宮跡に比定されている宮町遺跡からは、樹皮が付着したままの、いわゆる黒木の柱が何本も出土している。この黒木の柱が、宮殿に使用されたのか、他の施設で使用されたのかは明らかでない。

(26) ゴミの問題は、糞便の問題とともに、日本人の基層信仰を知るうえで重要なテーマであるが、現時点では、キーワードとなる手掛かりを得るまでには至っていない。阿部謹也『中世を旅する人びと』平凡社、一九八七、アイヌの「物送り儀礼」に関しては、千歳市の「美々8遺跡」の一連の報告書である北海道埋蔵文化財センター発刊の『美沢川流域の遺跡群』に拠った。

(27) 石野博信『考古学選書31 古墳時代史』雄山閣出版、一九九〇

(28) 田原本町教育委員会ほか『昭和五四年度 唐古・鍵遺跡 第六・七・八・九次発掘調査概報』一九八〇

(29) 前掲注14、奈良県立橿原考古学研究所

(30) 田原本町教育委員会『田原本町埋蔵文化財調査概要7 昭和六一年度 唐古・鍵遺跡 第二六次発掘調査概報』一九八七

(31) 奈良県教育委員会『奈良県史跡名勝天然記念物調査報告第四一冊 大和郡山市 登志院遺跡』一九八〇

(32) 奈良県教育委員会『奈良県史跡名勝天然記念物調査報告第三六冊 大福遺跡』一九七八

(33) 大阪府教育委員会『大園遺跡発掘調査概要VI——第二阪和国道建設に伴う発掘調査』一九八一

(34) 底面に置かれたように完形の土器が出土した岡山県百間川原尾島遺跡2(丸田地区)の弥生時代後期の土坑121。上層から中層にかけて炭や焼土を多数含み、中層下位から多量の赤色顔料が検出された百間川原尾島遺跡4(丸田地区)の弥生時代後期の土坑11。上層から口縁部打ち欠きの壺、中・下層から碧玉製の管玉、多量の貝殻・獣骨・炭化米を検出した福岡県比恵遺跡群三〇・三七次のSU012の弥生時代前期の貯蔵穴。下層から口頸部打ち欠きの短頸壺二点、完形の短頸壺二点を出土した佐賀市牟田寄遺跡16区の弥生時代後期SK16060の土坑。中層下位から完形の甕が入れ子になって出土した2号袋状竪穴、

底部穿孔の甕と口頸部打ち欠きのミニチュア壺が出土した5号袋状竪穴、完形土器が底面直上から出土した12号袋状竪穴、上層から完形の蓋付台付壺・小型壺二点、下層から胴部穿孔の広口壺が出土した17号袋状竪穴、底面直上から大型壺・浅鉢・小型壺の完形土器が出土した18号袋状竪穴を検出した春日市門田遺跡の弥生時代前期の袋状竪穴などがあげられる。

岡山県教育委員会ほか『岡山県埋蔵文化財発掘調査報告56　百間川原尾島遺跡2　旭川放水路（百間川）改修工事に伴う発掘調査Ⅴ』一九八四、岡山県教育委員会ほか『岡山県埋蔵文化財発掘調査報告97　百間川原尾島遺跡4　旭川放水路（百間川）改修工事に伴う発掘調査Ⅹ』一九九五、福岡市教育委員会『福岡市埋蔵文化財調査報告書第二八九集　比恵遺跡群11』一九九二、佐賀市教育委員会『佐賀市文化財調査報告書第八九集　牟田寄遺跡Ⅵ――15・16・17区の調査』一九九八、福岡県教育委員会『山陽新幹線関係埋蔵文化財調査報告　春日市・筑紫郡那珂川町所在遺跡群の調査第三集』一九七七

（35）前掲注14、奈良県立橿原考古学研究所

（36）前掲注28、田原本町教育委員会ほか

（37）前掲注33、大阪府教育委員会

（38）福岡市教育委員会『福岡市埋蔵文化財調査報告書第一八七集　吉武遺跡群――市道野方金武線建設に伴う埋蔵文化財の調査』一九八八

（39）佐賀県教育委員会『二塚山　佐賀東部中核工業団地建設に伴う埋蔵文化財発掘調査報告書』一九七九

（40）福岡市教育委員会『福岡市埋蔵文化財調査報告書第二九一集　那珂5――第一〇～一二・一四・一六・一七・二一次調査報告』一九九二

（41）岩手県文化振興事業団埋蔵文化財センター『岩手県文化振興事業団埋蔵文化財調査報告書第二二八集　柳之御所跡　一関遊水地事業・平泉バイパス建設関連第二一・二三・二八・三一・三六・四一次発掘調

査報告　分冊3　考察編』一九九五

(42) 前掲注34、岡山県教育委員会ほか

(43) 鐘方正樹『ものが語る歴史シリーズ8　井戸の考古学』同成社、二〇〇三

(44) 佐野賢治『星の信仰——妙見・虚空蔵』渓水社、一九九四、勝俣隆『あじブックス023　星座で読み解く日本神話』大修館書店、二〇〇〇

(45) 『日本古典文学大系67　日本書紀　上』岩波書店、一九七七

(46) 萩原秀三郎『地下他界』工作舎、一九八五

(47) 三品彰英『三品彰英論文集第5巻　古代祭政と穀霊信仰』平凡社、一九七三

(48) 白川水源公園管理組合『水の生まれる里　白川水源』

(49) 京嶋覚「群集土壙の再評価——集団墓説への批判」『研究紀要3　設立一〇周年記念論集』大阪府埋蔵文化財協会、一九九五

(50) 網野善彦「灰をまく」『ことばの文化史　中世2』平凡社、一九九九

(51) 藤田三郎は、「弥生集落の内部には、使われなくなった井戸が開口した状態で穴ぼこだらけで放置されているような状況といえよう」と、井戸に限定しながらも、筆者とおなじことを述べている（前掲注20、藤田三郎）。

# 第三章　聖なる水

弥生時代や古墳時代の「井戸」のなかには、丸太を刳り抜いたり、縦板を打ち込んだり組み合わせたりした律令時代以降の井戸とおなじ構造をしたものもある。こうした「井戸」は、素掘り「井戸」と異なり、飲料水などの生活用水を得るためものとみることはできないであろうか。これまで素掘りの土坑を井戸とみなさなかったが、構造物を有するこの種の遺構が飲料水を得るための井戸だとすると、全国各地の弥生時代中期から古墳時代末期にかけての遺跡、とりわけ拠点集落と呼ばれる遺跡から数多く検出されてもよいはずである。ところが北部九州から関東地方にかけて、構造物のある「井戸」は検出されているものの、その数は五〇遺跡程度でしかない。これは、この種の「井戸」が必ずしも日常生活に必要な施設でなかったことを示唆している。すなわち飲料水を得るための井戸ではないということである。しかし、律令時代以降の井戸とおなじ構造をしているのだから、目的はともかく、水を得る施設であることは否定しえない。では飲料用でないとすれば、どのようなことに使う水を得るために建造されたのだろうか。

構造物をもつ「井戸」のなかでも、とりわけ注目されるのが、大阪府池上曾根遺跡の弥生時代後期の丸太刳り抜き「井戸」と、群馬県三ツ寺遺跡の古墳時代前期の丸太刳り抜き「井戸」である。

## 一　丸太刳り抜き「井戸」

### 高床式建物との関連性

池上曾根遺跡の丸太刳り抜き「井戸」の材質はクスノキで、内径は一・八〜一・九メートル、残存高は約一メートルほどであるが、上半は後世に削り取られている可能性が高く、本来は二メートル近くあったと想定されている。現在知られている丸太刳り抜き「井戸」としてはわが国最大の規模である。規模もさることながら、この丸太刳り抜き「井戸」で注目されるのは、東西一〇間（一九・二メートル）・南北一間（六・九メートル）、両妻側の約一メートル外側に屋外棟持柱を備えた床面積約一三三平方メートルもある大型掘立柱建物（高床式建物）の南北中心線に位置することである。これは大型掘立柱建物と丸太刳り抜き「井戸」が有機的な関連をもって築造されたことを物語る。この大型掘立柱建物と丸太刳り抜き「井戸」が発掘された地区では、石器の原料であるサヌカイトの剝片が太型《ふとがた》蛤刃石斧《はまぐりばせきふ》やベンガラとともに埋納された遺構や、おそらく鉄器を研いだとみられる大型の角柱状砥石を納置した遺構、イイダコを捕るためのタコツボを大量に埋納した土坑、トーテムポールのように、単独で屹立する巨大な柱があったと推測される柱跡が見つかっている。さらに建物の南西から丸太刳

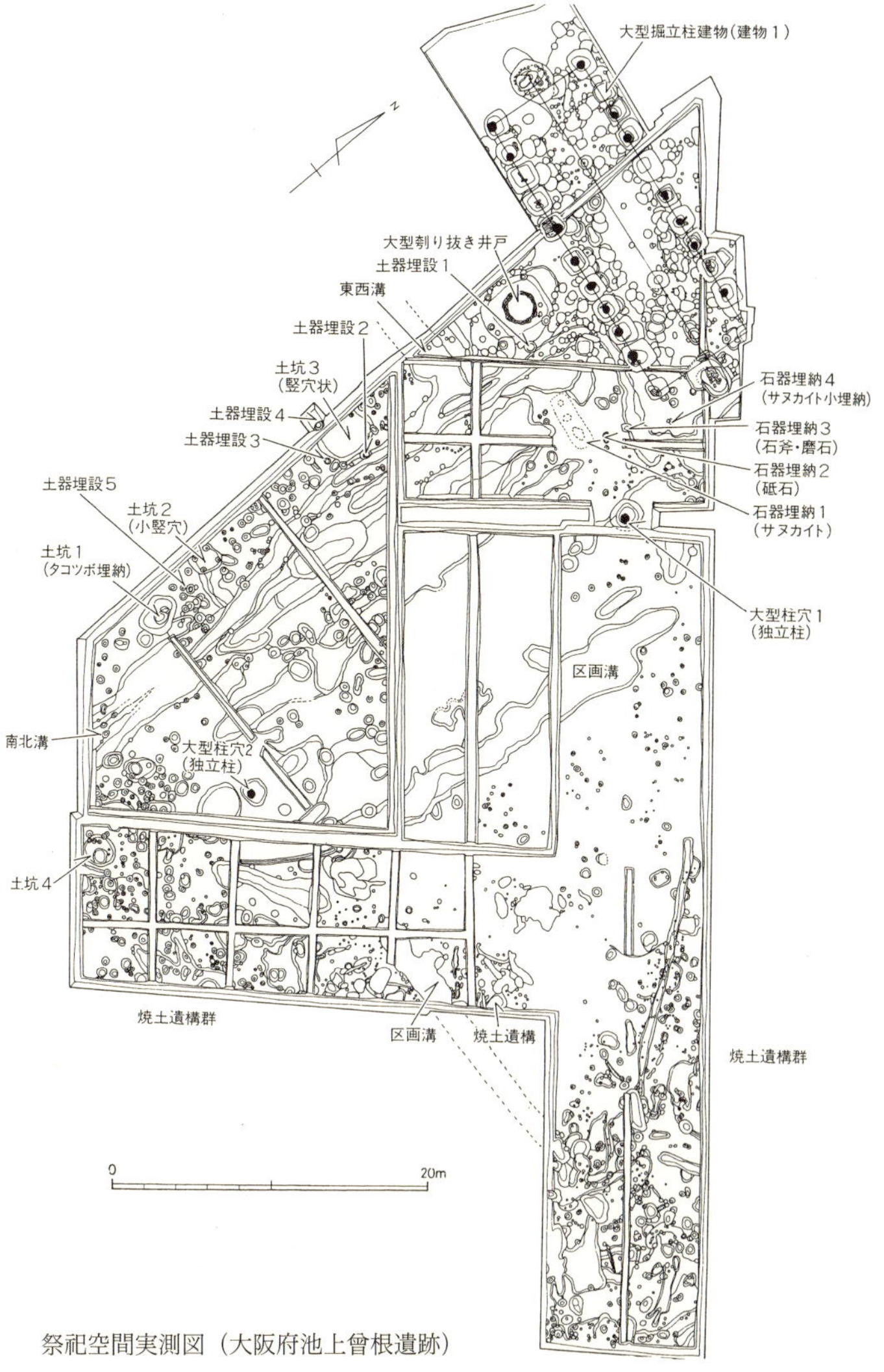


祭祀空間実測図（大阪府池上曽根遺跡）

り抜き「井戸」の西にかけてと、建物の西側の柱の抜き取り穴と丸太刳り抜き「井戸」の埋土から、多量に被熱変形土器が出土するなど、カミマツリにかかわるとみられる遺構や遺物が集中して発掘されている。発掘に携わった調査者たちは、この地区を非日常的な〈聖なる空間〉と呼んで、ここでさまざまなカミマツリが執りおこなわれたとみなしている(1)。そのような場所につくられた巨大な丸太刳り抜き「井戸」が、飲料水などに使われなかったことはいうまでもないであろう。それは、「このような在り方から考えると、井戸そのものも実用的なものではなく、祭礼用の特別な井戸であったと考えられる、そう考えることによって、この井戸の異常ともいえる大きさも納得できるのである(2)」と述べられていることからも明らかである。ところが、祭祀用とされるこの巨大な丸太刳り抜き「井戸」が、どのようなカミマツリに使われ、どのような役割を果たしたのかについては、ほとんど言及されていない。弥生時代中期から古墳時代末期までの構造物を有する「井戸」の性格を知るためには、避けて通ることのできない問題なので、ここで若干の考察をおこないたい。

この丸太刳り抜き「井戸」を性格づけるには、隣接する大型掘立柱建物をどう理解するかにかかっている。建築史家はこの大型掘立柱建物をどのようにみているのであろうか。浅川滋男は、「大型建物とその周辺の領域では、火と水を使う日常生活の痕跡が色濃く残っているのである。こういう遺物の出土状況を尊重するならば、この大型建物は「神の家」というよりも、複合的な機能をもつ共同体の共有施設とみるべき」とみなしているが、その一方で、「ただし、もう一つの可能性も残されている。床を天井レベルにおく屋根倉式の建物であったとみる解釈である」と、床下を人間の生活空間、床上

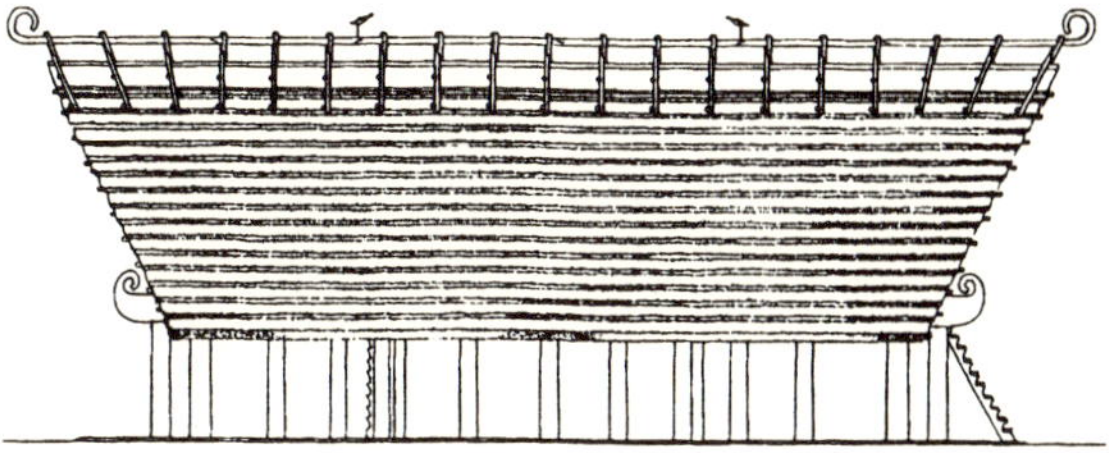

大型掘立柱建物の復原立面図（大阪府池上曾根遺跡）

〈屋根裏〉を穀倉と木偶祭祀の聖域とみなす高床の〈神殿〉系施設であった可能性にも言及している。[3] どちらの説を採るかによって、丸太刳り抜き「井戸」の解釈もおのずと異なってくる。

後者の説を採ると次のようになる。[4]

池上曾根遺跡一号建物は、桁行一〇間（一九・二メートル）、梁間一間（六・九メートル）で、約一三三平方メートルと途方もなく巨大な面積をもち、一般的な「神殿」にくらべると群を抜く。サヌカイトの集積遺構や蛸壺埋納土坑が隣接してつくられていた事実からすれば、農耕祭祀のほかに、手工業や漁労にともなう祭祀などもおこなわれたかもしれないが、なによりもその巨大さはそれに見合う儀式の存在を想定させる。あるいは、和泉北部地域の支配共同体を構成していた首長層がここに集まって、大首長のもとに農耕祭祀をおこなった場がこの大型「神殿」ではないか。そうだとすれば当然のことながら、池上曾根環濠集落の首長が、支配共同体のなかの大首長であったことになる。

ここでは丸太刳り抜き「井戸」について触れていないが、大型掘立柱建物が農耕祭祀を執りおこなう場であったとすれば、それに付属する丸太刳り抜き「井戸」もカミマツリに用いられたと理解してよいであろう。それを端的に言い表わしているのが次の記述である(5)

とくに注目されるのは、大型建物の中央、正面間近から、楠の巨木を刳り抜いた大井戸が発掘された点である。内径一・九メートル、深さが一メートルを越える井戸枠を据えた巨大な井戸には、四本柱の覆屋が架けられていた。発掘時も、井戸には豊かな水が湧きあふれていた。その位置関係のみならず、けたはずれた規模の点からも、大井戸が大型高床建物と密接に関連する遺構であることは確かだ。単に飲料や生活に利用する水を得るためならば、かように巨大な井戸を設ける必然性はない。しかも池上曽根遺跡では、どこを掘っても容易に水を得ることが可能である点を考慮するなら、この大井戸が、サヌカイトや飯蛸壺を埋納した遺構と関連して、大型建物やその正面の広場で行われた祭儀のために掘られた施設であることを明示していよう。湧き溢れる井戸の水は聖なる水として、大型建物とその全面にひろがる広場での祭儀において重要な役割を果たしたことであろう。

大型建物と大型「井戸」に、カミの姿をみる人々は多い。
これに対して、前者の説では以下のようになる(6)。

たとえば、大形井戸は手工業生産等に必要な大量の水を恒常的に確保するための共同取水場的施設、さらに、大形建物は手工業生産等における共同作業場的施設や貯蔵倉庫、として評価する見解も成り立つと理解する。大形建物周辺では、籾殻片やそれに起源をもつプラント・オパールが極めて大量に検出されている（大阪府文調研セ・和泉市教委編一九九六、同編一九九九）ことを考慮するならば、この場合の手工業生産等という内容には、個別的かつ一時的で単純な農作業的なものではなく、組織的かつ継続的な籾の脱穀等の作業ほかも含めてよいと考える。

このいずれの見解が正しいか判断はむずかしいが、私は次に述べるように、大型建物や大型「井戸」はカミマツリにかかわる施設と考えているので、前者の見解を支持し、批判的に継承していきたい。

大型建物が四面を開放する平屋建物ならば、共同体の作業場のような施設の可能性は否定しえない。しかし、池上遺跡では大型建物と、律令社会以降でも例をみない巨大な丸太刳り抜き「井戸」がセットの関係にあり、丸太刳り抜き「井戸」が、飲料水を得るために造されたものでないことも衆目の一致するところである。また、手工業生産にともなう「井戸」でないことも第一章で述べた。秋山浩三は組織的に脱穀をおこなう作業場であったとするが、そもそも集団で脱穀しなければならない必然性はない。脱穀の作業場だったとしても、脱穀と大型「井戸」になんの関係も見いだすことができない。脱穀作業場の論拠とされた大型建物周辺から検出される籾殻片やプラント・オパールも、一年に何回か催される農耕祭祀の際の脱穀や風選の跡と考えることも可能で、集団脱穀作業と断定することはできない。また、大型建物は、柱痕から推定される建物よりも前に四回の建て替えが確認されているが、そのたびに「井戸」も造り替えられていることが掘形からわかる。(7) それも建て替えや造り替えごとに少しずつ大きくなっている。この建て替え・造り替えを、首長の代替りにともなう行為(8)とみるかどうかは別にして、建物や「井戸」が大型化する理由を、共同作業場や手工業生産にともなう水需要説では説明できない。以上から大型建物＝共同作業場説、大型「井戸」＝手工業生産用説は論理性に欠け、成立しないことを理解していただけたと思う。

## 水稲栽培の普及

大型掘立柱建物を屋根倉式の高床建物とすれば、どのような解釈がもっとも合理的なのであろうか。大型建物とセットとされる丸太刳り抜き「井戸」の目的が、日常の飲料水を得るためでも、手工業用の水を得るためでもないとすれば、残るはカミマツリに必要な聖なる水を得る「井戸」、あるいは地下他界に住まうカミをこの世に招く聖なる通路であったとする考えである。そのいずれでも、「井戸」の水がカミマツリに使われたのは確かである。こうすると「井戸」とセット関係にある大型建物も、カミマツリに使用された聖なる建物である高床建物とみなすのが妥当であろう。その意味では大型建物と「井戸」を中心とする地区が聖なる空間であるとする見解に私も同意する。そこで問題となるのが、大型建物と「井戸」でおこなわれたカミマツリの内容である。

大型建物が屋根倉式の高床建物であるとすると、その規模からみて種籾のほか稲の穂束が貯蔵されていたと考えられる。ただたんに穂束を貯蔵するだけならば、わざわざ「井戸」を建造する必要はない。「井戸」が必要だったのは、シャーマンや首長が高床建物に入り（籠り）、稲（農耕）にかかわるカミマツリを執りおこなったためである。稲にかかわるカミマツリといえば、豊作を祈る予祝儀礼、収穫を感謝する収穫祭、雨乞いや止雨の祈願、病害虫の予防と駆除の修祓などが連想されるが、もっとも重要なのは種籾にカミを籠らせて再生能力（発芽率・収穫量）を高めることだったのではないか。

近年の発掘調査によると、約四〇〇〇年前の縄文時代後期にはすでに陸稲が栽培されていたとされる。水田稲作が全国的におこなわれるのは、それから千数百年後の弥生時代になってからである。きわめて生産性の高い貯蔵性に優れた作物であるにもかかわらず、なぜコメは縄文時代後期に全国規模で栽培されなかったのであろうか。まず考えられることは、陸稲の生産性が低く、狩猟と採集の補完的な役割しか果たしえなかったという理由である。水稲栽培が北部九州から東方へ急速に伝播してゆくのは、水稲の生産力が陸稲に比べて桁外れに高かったためとみれば、この説も納得できるであろう。わが国の水稲耕作が、北部九州を始源とすることは、北部九州と畿内との土器様式の差などから通説となっている。しかし、私は、水稲がたんに高い生産力だけで普及したのではないと考える。陸稲を作り続けてきた千数百年の間に形成されてきたコメに対する特別な観念が原動力だったのではないか。

生産性が低いとはいえ、比較的安定した収穫が得られる陸稲の重要性が認識されるにしたがって、稲の生育する力や、堅い殻《から》に包まれたコメ（籾殻）の発芽する力に神秘性を感じるようになり、地下他界観念や再生観念、いわゆるカミ観念（基層信仰）が形成されていったのだろう。コメに対するこのような特別な観念がある段階に達したとき、陸稲よりも生産性の高い水稲作物を求め、大陸や朝鮮半島から水稲栽培を積極的に導入したと思われる。

さらに、たまたま中国大陸や朝鮮半島の戦乱などの事情によって、稲作技術を保持した人びとが渡来してきたのを契機に水稲耕作を始めたのではなく、日本列島に居住していた在来の人びと（縄文人）が、主体的に水稲耕作を移入したと考える。大陸と近く、人的・文化的な交流も盛んであった北部九州が若干先行したかもしれないが、他の地域もそれぞれのパイプを通じて、それほど大きな時間差もなく移入された可能性が高い。それは普及というよりも、同時進行的に拡大していったというのが適切であろう。(9) 狩猟と採集社会から農耕社会へ短期間に移行した理由を、水稲の生産力だけに帰するのは無理がある。今西錦司の「進化論を種レベルで考えるならば、……種の個性はいわば肩を組んで、みんな仲よく変わってゆけばよい」という主体性の進化論(10)を、人間社会にもあてはめることが許されるならば、コメに〈カミ〉が宿り、籠ると考えた日本列島に住む人びとは、変わるべくして水田農耕に変わったといえる。日本人のコメに対する執着心は、コメが主食であったためでも、貨幣の代替品であったためでも、生産性に優れていたためでもなく、日本人の基層信仰たるカミ観念が、コメの生態をもとに生まれ形成されたためなのである。

弥生人がコメをこのようにとらえていたとすると、池上曾根遺跡の大型建物には、コメを保管する区画だけでなく、シャーマンや首長、ムラの長老たちがカミマツリのたびに籠る区画もあったとみるのが妥当である。彼らは、コメの保管された場所にともに籠ることによって新たな生命力と強い霊力を獲得し、人びとの尊敬を集め、農耕や土地開発、戦闘では人びとの先頭に立って指揮した。大型建物に籠る際は、丸太刳り抜き「井戸」の聖なる水で禊をおこない（一度ではなく何度もおこなった可能性が高い）、籠っているあいだの飲料水や食事などを、この「井戸」の聖なる水で賄ったものとみてよいであろう。もちろん、カミに捧げる飲み水や食事にも聖なる水を使用したことはいうまでもない。この「井戸」のもう一つの重要な役割は、「井戸」の中空を通路として、地下他界に住まうカミをカミマツリの場に招き、顕現してもらうことであった。カミマツリが聖なる水を用い、籠ることを基本としていることは、『記紀』や『万葉集』などの記述からも明らかであるが、近年の発掘調査によって文字使用以前の社会から続けられていることがわかってきた。

### 石敷遺構

五世紀後半のものとされる群馬県三ツ寺I遺跡では、周囲に濠と柵を巡らせ、西に庇のある上屋三間×三間・下屋八間×八間の首長（豪族）居館とみなされる大型掘立柱建物が検出され、その南西隅からは下部を丸太刳り抜き材で合わせ口にした井戸側と、上部に方形の井戸側を組み合わせて覆屋を付した「井戸」も見つかっている。区画内には一条の溝が掘られ、濠に架けられた水道橋を通じて外から導水されている。この溝には祭祀施設とおぼしき二か所の石敷遺構が設けられていた。[11]「井戸」や石敷遺構から多数の滑石製模造品が出土しており、この区画が聖なる空間であったことは否定しえない。とりわけ、石敷遺構をともなう導水施設とその出土品は、他に例がなくとりわけ注目されてい

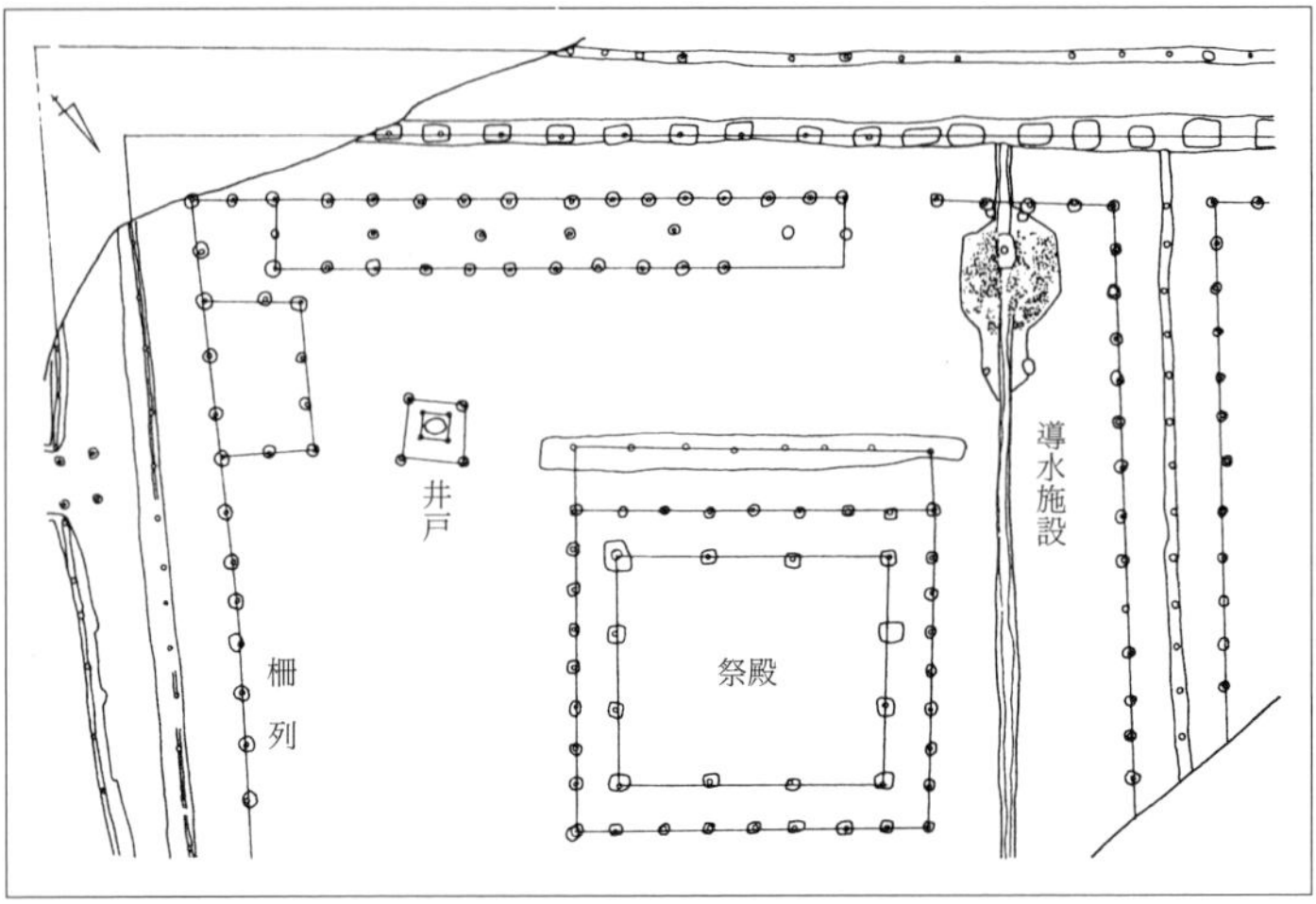

遺構配置図（群馬県三ツ寺Ⅰ遺跡）

る池上曾根遺跡と同様に、大型建物と「井戸」がセットになって検出されていることも興味深い。

この大型建物は一般に豪族居館とされる。たしかに、建物の平面だけをみればそう思えるかもしれない。しかし建っている地区は、聖なる空間とも言われるように日常的な生活の臭いはほとんどない。また、周囲を濠に囲まれ、その法面《のりめん》に石が貼られていること、二～三重の柵列がめぐらされてまるで城のように堅固な構えになっていることも、豪族の家とみなされる理由である。考古学では、濠や柵列がめぐらされていると、すぐに防御施設と考える傾向が強い。だがわが国では、聖なる場を結界するときは、その周囲に水を引き廻したり、柵をめぐらしたりした。そうした人為的な結界がなされる以前は、河川の中洲を聖なる場としてカミマツリをおこなっていた。たとえば、和歌山県の熊野川の上流、岩田川と音無川の合流点

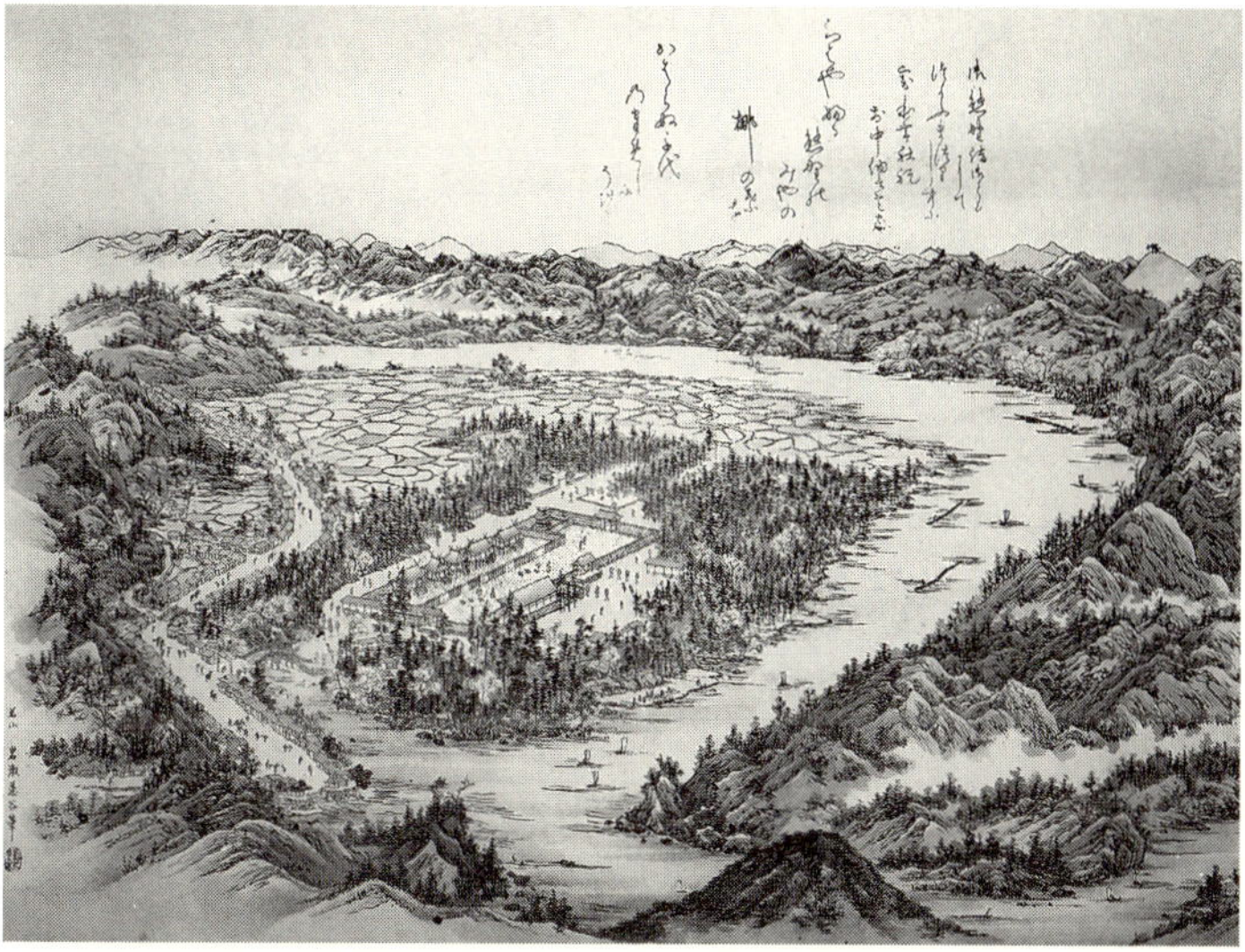

熊野本宮社頭図

の中洲にあった熊野本宮大社や、瀬田川と信楽川の合流点の中洲にあった大津市佐久奈度《さくなど》神社などはその一例とみてよいであろう。中洲といえば、大阪の住吉大社も河内潟の中洲にあった可能性がある。さらに、池の中に浮かぶ小島に鎮座する奈良県御所市の高鴨神社も、おなじ意味を持つと考えてよいであろう。おそらく、カミマツリは水に囲まれた場でおこなわれていたのであろう。水は悪霊の侵入を防ぐと考えられていたし、聖なるカミマツリの場に入る（渡河）の際に水が穢《けがれ》を祓うと信じられたためではないか。その意味で、弥生時代に出現する環濠も、戦闘に備えたものではなく、悪霊や疫病神などが集落内に侵入しないために掘られた結界の一つとみるのが妥当であろう。

　よって、濠に囲まれた聖なる空間に建てら

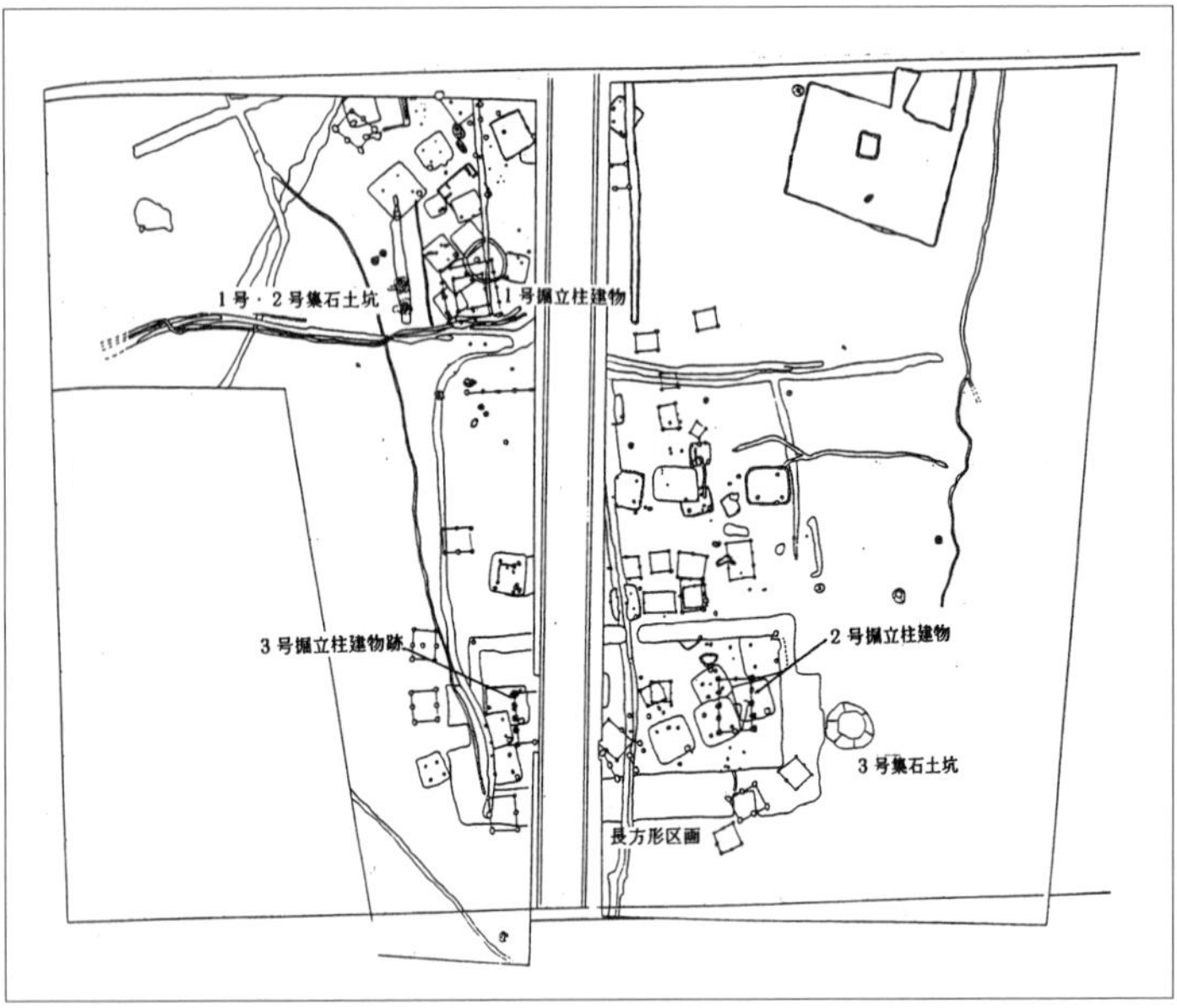


遺構配置図（群馬県中溝・深町遺跡）

れた大型建物は、首長居館などの日常的な施設ではなく、カミマツリをおこなう首長らが籠る非日常的な施設とみるべきであろう。すると大型建物とセットで開鑿された「井戸」は、池上曽根遺跡の「井戸」とおなじく、大型建物に籠る人びとが禊《みそぎ》をしたり、カミに捧げる飲み水やお供えを作ったりする聖なる水を得るためのものであり、地下他界に住まうカミがこの世に顕現する通路として使用されていた可能性が高い。首長居館とおなじ構造をしているのは、古墳時代にカミマツリが高床建物ではなく居住性をも兼ね備えた建物でおこなわれるようになったからだろう。

### 掘立柱建物

建物と「井戸」がセットの遺構では、古墳時代前期の群馬県中溝・深町遺跡も知られている。ここでは縦横約八メートルの外柱列四間×四間、内柱列が二間×二間の二重構造をした掘立柱建物と、建物の西側で地表面に礫を方形に敷き詰めた素掘りの「井戸」が二基南北に並んで検出された。南側の「井戸」が掘立柱建物の東西軸の延長上にあり、北側の「井戸」よりも出土遺物が古いことから、南側の「井戸」が古く、北側の「井戸」はのちに掘り替えられたものとみられている[12]。ただ、この遺跡では、掘立柱建物と「井戸」以外に祭祀遺構は検出されておらず、聖なる空間といえるか微妙である。しかし、カミとともに籠ることがカミマツリの最大の目的であるから、私は掘立柱建物と「井戸」がセットになっていれば、その地区は聖なる空間とみなしてよいと考える。

## 二　カミマツリの水

### 湧水施設形埴輪

「井戸」が、日常の飲料水を得るためではなく、カミマツリの際に聖なる水を得るために使われたことを示唆する遺物がある。三重県松阪市の前方後円墳宝塚一号墳の造り出し部（祭壇？）から二基並んで出土した湧水施設形埴輪である。周囲を塀に囲まれた覆屋のある「井戸」を象っている（ただし二基のうち一基には覆屋の中に井戸形埴輪はない）。この井戸形埴輪を伴う湧水施設形埴輪の近くからは

湧水施設形埴輪（三重県宝塚一号墳）

家形埴輪は発見されていないが、約八メートル離れた墳丘のくびれ部から入母屋造り高床式の家形埴輪が出土している[13]。二つの埴輪をセットとみるかは、きわめて判断のむずかしいところである。湧水施設形埴輪が置かれたこの地区は、全体が円筒埴輪などで結界され、その中には湧水施設形埴輪と家形埴輪の他に、家形埴輪に近接して船形埴輪が置かれているだけである。船は死者の霊魂や穀霊を運ぶ乗り物とされるが、『古事記』や『風土記』には地方の名水を快速船で朝と夕に宮殿へ運び、大王（天皇）の飲料水に供したと記されている。朝夕は誇張だとしても、天皇が司る祭祀に、おそらく卜占によって選ばれた湧泉の水が供進されることがあったのであろう。各地に伝わる〈御井《みい》〉という湧泉や地名は大王（天皇）と関係があるとされるが、これらの多くは、

井戸形埴輪（三重県宝塚一号墳，右の湧水施設形埴輪の内部）

もともとその地方の首長が司った祭祀とかかわっていたと考えられる(14)。それはともかく、船で湧泉の水を運ぶという説話は、湧水施設形埴輪と船形埴輪が密接な関係にあることを物語っている。おそらくこの三種類の埴輪は、首長が籠る高床建物に聖水を船で運ぶ情景を表わしたものであろう。ただ、なぜ湧水施設形埴輪が、二基並列して置かれていたのかはわからない。

なお、周囲を塀で囲んだ「井戸」といったが、築地塀が出現するのは仏教伝来以降である。辰巳和弘は、愛知県岡崎市経ケ峰一号墳から出土した湧水施設形埴輪では囲形埴輪の上部に鋸歯様の凹凸があり、外面に二本のタガが平行してめぐらされていることから、柵列としている(15)。柵列だとすると、この凹凸は一種の逆茂木《さかもぎ》であろう。しかし、宝塚一号墳や兵庫県加古川市行者塚古墳から出土した囲形埴輪には鋸歯状の凹凸はなく[16]、宝塚古墳の囲形《かこいがた》埴輪には外面に二本、裾部を入れると三本、行者塚古墳の囲形埴輪には外面に二本の凸帯がめぐらされているだけで、鋸歯状の凹凸はない。ただし、いずれの古墳からも、出入口の上部に鋸歯状の凹凸のついた囲形埴輪も出土している。この三種類の埴輪は、鋸歯状の凹凸がないものから、入口の上部だけにあるもの、周囲全体にあるものへ順に変化したとする見解がある[17]。私もその可能性が高いと考える。とすると、元来は、囲形埴輪には鋸歯状の凹凸はなく、後に加えられたことになる。しかも、この鋸歯状の凹凸が、入口の上部に表現されているということは、柵の上端を表わしているのではなく、上端の横木に取り付けられたものであることを示している。これらのことを考え合わせると、この鋸歯状の凹凸は、僻邪（悪霊除け）のために、結界の出入口の上部の横木に取り付けたものとみるのが妥当である。

それでは塀のようなものはなにを表わしているのであろうか。一般には板塀とされるが、私はカミマツリの場は基本的に仮屋だったろうから、柱を立てたり垣根を設けて周囲に布でつくった幕（帷帳《いちょう》）を張って布垣（絹垣）とした可能性が高いと考えている[18]。板塀や帷幕で囲むということは、その「井戸」が日常的な生活の場ではなく、非日常的な聖なる場であったことを物語る。次に掲げる三ツ寺Ｉ遺跡の報告書は、それを証明するだろう[19]。

井戸はＦＡ（火山灰――註）降下により使用不能となり祭祀行為を行って埋め戻しており、館の機能を停止させる主要因のひとつとなっている。また、一方の主要祭祀の場である石敷遺構が自然に埋没したのに対し、井戸は人為的に埋め戻しており、その後の使用を不能としている。物証的に示すものはないが井戸は首長にとって重要な意味をもっていたと考えられ、正殿建物との位置関係から単に生活水を目的とした井戸ではなく、井水を用いた首長権に係わる井戸とする見方も可能であろう。

弥生・古墳時代の丸太刳り抜き「井戸」、縦板組の「井戸」、石敷きを有する「井戸」、覆屋が設置された「井戸」などは、すべてカミマツリに使う聖なる水を得るために築造されたと私は考える。

## 導水施設と導水施設形埴輪

聖なる水にかかわる構築物として近年注目を浴びているのが、導水施設と呼ばれる遺構と、それを象った導水施設形埴輪である。導水施設とは、水を上流から引き入れ、溜め、下流へ流すものである。井戸をともなう湧水施設形埴輪より、導水施設形埴輪が多く出土しており、その重要性がうかがえる。導水施設はこれまでも各地で発掘されていたが、遺構も埴輪もいずれも部分的で全体像が明確でなかったため、それほど重視されてこなかった。ところが、一九九四年度に奈良県御所市の南郷大東遺跡でほぼ完全な導水施設が発見され、一躍注目されることとなった。おなじ頃、大阪府藤井寺市狼塚古墳、同八尾市心合寺《しおんじ》山古墳、宝塚古墳と相ついで南郷大東遺跡の遺構と酷似した導水施設形埴輪が見つかり、この種の研究が大きく前進する契機となった。

南郷大東遺跡の導水施設は、上流より①貼石施設（ダム）、②木樋1、③井桁材（木樋）、④木樋2（覆屋、垣根状施設）、⑤木樋3の五つで構成されている。ダムは、流水が当たる部分と堰止める部分に石を貼っている。溜まった水（上澄）は、丸太を半円状に刳り抜いた木樋1で下流へ流される。③の井桁材は、木樋の下部と推定される。④の木樋2は、上流側に水を溜める槽部（長さ一・二メートル、幅七〇センチ、深さ一五センチ）と、下流側に水を流す溝部（長さ一・六メートル、幅二〇センチ、深さ七センチ）からできている。槽部と溝部の底面の差は八センチしかないので、溝部には上澄みが流れる程度であっただろう。この木樋2には二間×二間（約四メートル四方）の覆屋が付設され、その外側に囲形埴輪のような鉤の手状に張り出した入口をもつ東西四・六メートル、南北四・九メートルの隅丸方形の垣根がめぐらされている。木樋2には、木樋3（長さ二・八メートル、幅四〇センチ、深さ八センチ）が接続し、下流の素掘り溝に排水されるようになっている。[20] 現在、この導水施設形埴輪が九例知られているが、ここでは宝塚一号墳から出土した保存状態のよい導水施設形埴輪をとりあげる。

宝塚一号墳の導水施設形埴輪は、囲形埴輪の中央に、切妻造りで四面が刳り抜かれた平屋建物の覆屋があり、その中の木樋形埴輪は、図のようにA・B・Cの三つの部分からなっている。[21]

Aは水を引き入れ、受ける部分と考えられる。長さ三・五cm、幅六cmで、くぼんだ部分の深さは一・五cmをはかる。平面形はほぼ方形となる。Bは水を流す部分と考えられ、中軸線にそって

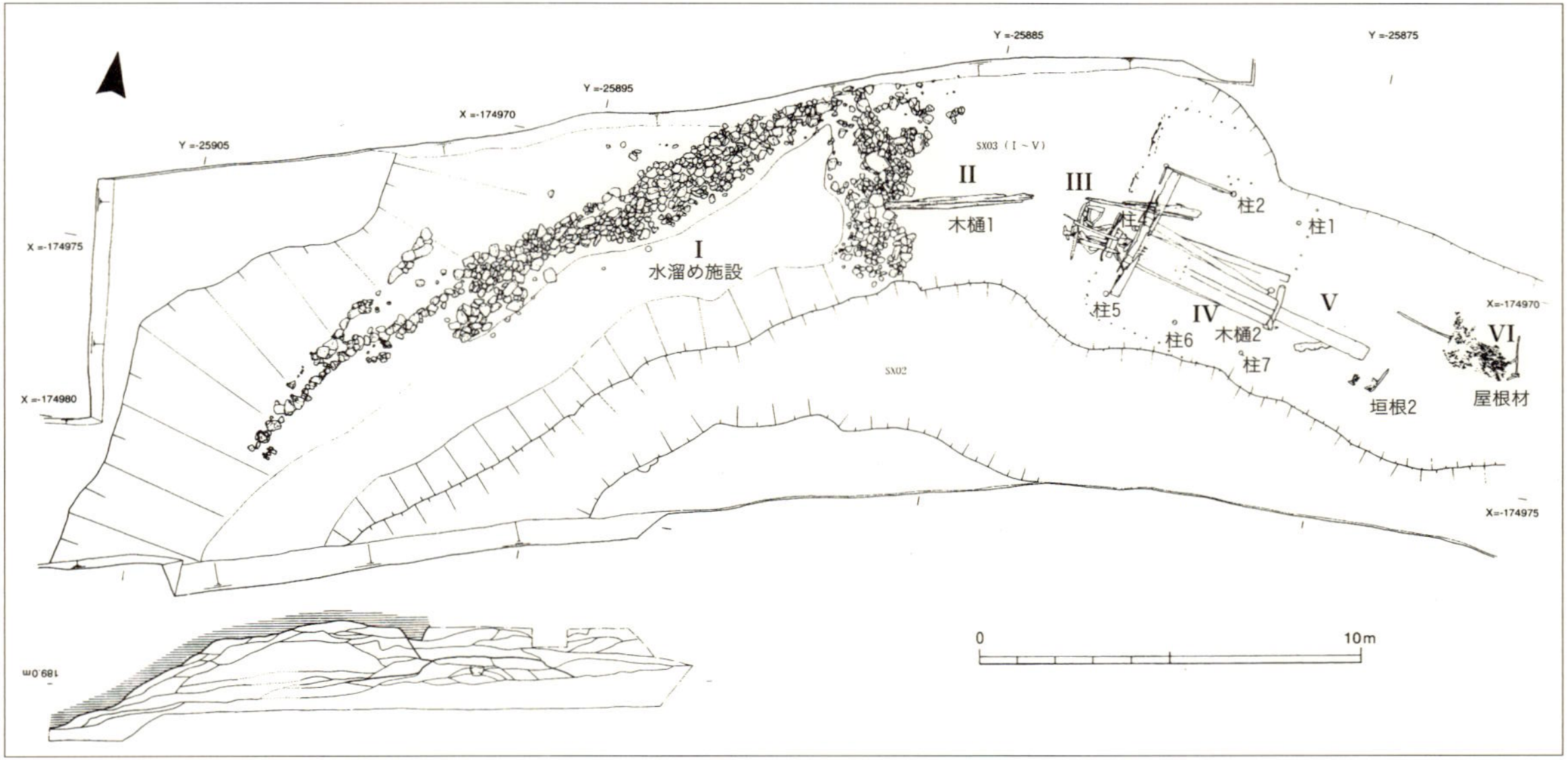


導水施設（奈良県南郷大東遺跡）

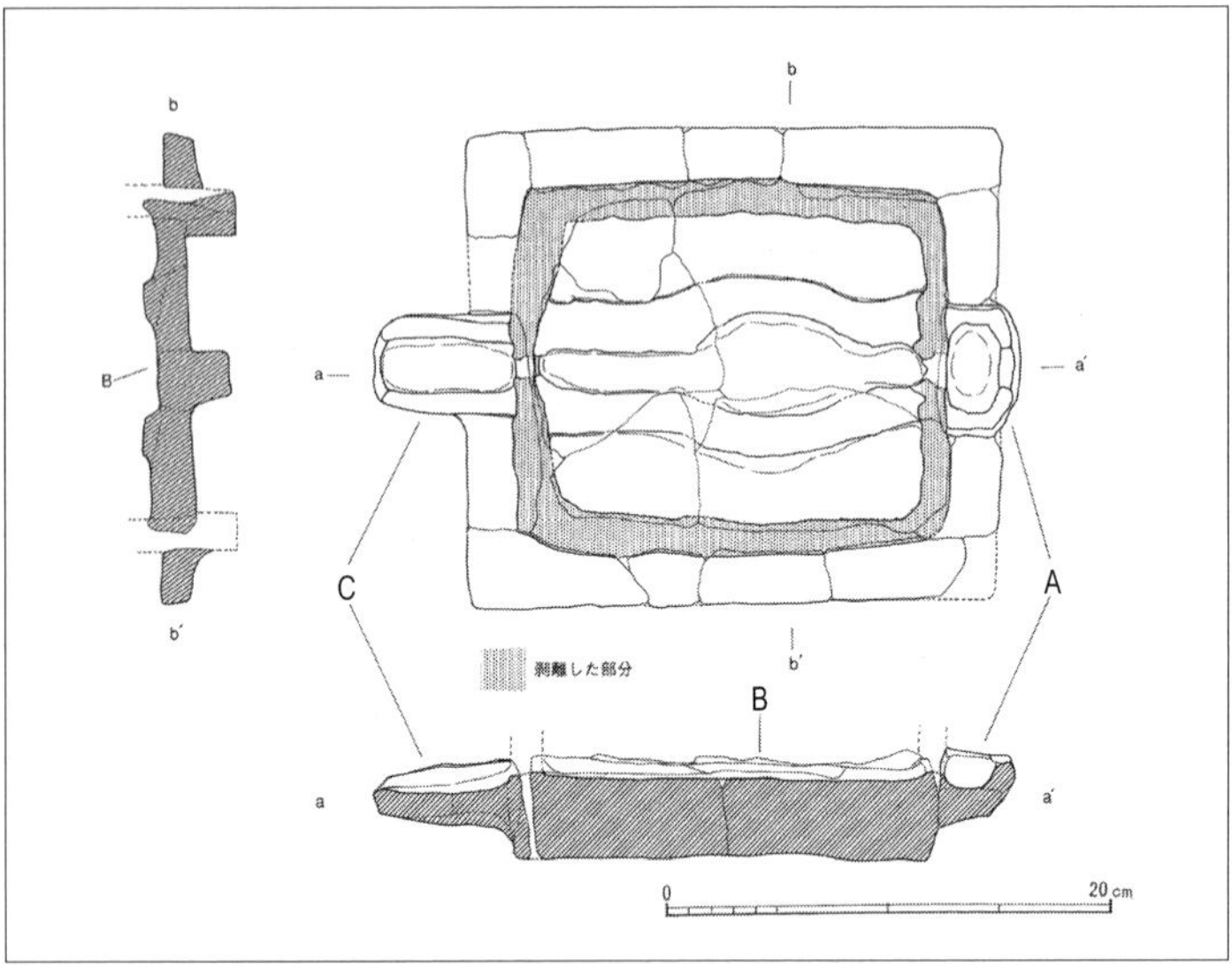


木樋形埴輪（三重県宝塚一号墳）

溝状に〇・七cm程くぼめられている。溝の幅は一・五cmであり、その底面は水平につくられている。ややAによったところに、幅四・五cmで楕円形にひろがる部分が一か所ある。これは水を溜める部分と考えられる。Cは流れてくる水の出口と考えられる部分で、長さ七cm、幅四・五cm、くぼんだ部分の深さ一cmで、竹を割ったような形をしている。また、A・B・Cの境となる部分には、それぞれの底面からやや高い位置にくぼみが設けられ、水をオーバーフローさせる仕切りをあらわした部分と考えられる。またAとCの外側の端にも、片口状のくぼみがみられる。

　これらのことから、それぞれの部分で一定の水量になると水がオーバーフロー

導水施設形埴輪
(兵庫県行者塚古墳)

導水施設形埴輪
(三重県宝塚一号墳)

し、次の場所へ流れ込むという、具体的な水の流れを表現していると考えられる。

南郷大東遺跡の導水施設と、宝塚一号墳の導水施設形埴輪は、上流から流れてくる水を順次オーバーフローさせる構造や、覆屋と遮蔽物がある点など、細部を除けば酷似している。これについて、発掘調査担当者は、

この導水施設は何回か沈殿↓上澄みを流すという工程を繰り返すので、「浄水」を得ることを目的としてつくられたことがわかる。特に最もきれいな水が得られるのはⅣであるが、そこは常に清潔に保たれ、かつ周囲と隔絶する施設をもつもので、そこでこの水を利用した祭祀を執行したものと思われる。

と述べている。(22) 導水施設とは、上流から流れてくる水を何回もオーバーフローさせて浄水を得るための施設だというのである。しかし、施設のどこの水が祭祀に利用されたのか、具体的に述べられていない。もっとも清浄な水が得られるのは、槽のあとの溝である。しかし、ここは施設のなかで幅がもっとも狭くて浅く、とりわけ水が汲みにくい場所なのである。いかに聖なる水とはいえ、このような所でわざわざ水を汲んだであろうか。常識的に考えれば、幅も深さも十分確保できる水溜め（槽）の水を汲むのが自然である。私は、排水溝が槽の底面よりも高くなっているのは、槽に水を溜めるのが

目的なだけで、上澄みを得るためというのは考えすぎだと思う。また、いかにカミマツリのためとはいえ、近代社会以前に「上水道ともいえる美しい水[23]」を必要としたかも疑問である。

埴輪は実際より簡略化されているので、遺構と異なる可能性は否定できないが、宝塚一号墳の導水施設形埴輪は槽の幅が広く、底面は槽とそれに続く溝とは同じ高さになっていて、浄水を目的とするような構造になっていない。また、心合寺山古墳の導水施設形埴輪は、導水部と排水部が壁面の下にトンネル状に穿たれているうえ、覆屋の中央全体が水溜め（槽）になっており、導水部と水溜め（槽）と排水部の底面の高低差は、宝塚一号墳と同様、ないのである。こうした構造の施設がなぜ浄水装置とされるのか、私には理解しがたい。湧泉に近い場所に設置されたであろうこの施設では、とくに浄化せずとも清冽な水であったことに疑問の余地はない。湧水施設形埴輪も、導水施設形埴輪も、古墳の墳丘のくびれ部（谷状部）から出土する例が多いが[24]、これは谷頭から湧いたり滲み出る清冽な水と無関係ではないだろう。

## 三　流水祭祀

それにしても、埴輪に造形してまでつくられた導水施設は、どのようなカミマツリに使われたのであろうか。南郷大東遺跡の例では、上流の貯水池から下流の素掘り溝へ水が流れる構造になっていることから、灌漑用水路を施工した首長や渡来人の長が、連帯意識を高める儀礼をおこなうためにつくったとされる。(25) 施設の規模からみて、本物の灌漑用水ではなく疑似的なものであったろうが、首長と渡来人の長が連帯意識を高めるためにカミマツリをおこなったという見解には同意しかねる。灌漑用水路は、現在でもそうであるが、共同体成員が協力して築造し、維持・管理するものである。灌漑用水にとどまらず、稲作ではさまざまな作業を共同体成員が協力する必要があった。日本人に個の意識が低いのは、稲作の共同作業が深くかかわっていることは誰もが認めるところである。こうした共同体のありかたを重視して導水施設のカミマツリを解釈する見解もある。(26)

共同体の結合に深く関係しているのが「水」であり、首長権の確立に「水」は不可欠であったことが想像される。転じて権力者が行う水の祭祀とは本来、複数の共同体を指導する者＝首長と各共同体との結びつきの確認を中心としたものではなかっただろうか。お互いが共有しあう河川の治水工事の縮小版とでもいうべき導水施設によって得られた、浄らかな水＝治水、を用いて共同体の紐帯を確認しあう祭祀であったと考えることはできないだろうか。……

纏向《まきむく》遺跡と大柳生宮ノ前遺跡から出土した土器は何らかの示唆を与えてくれるものである。纏向遺跡では浄水装置の槽内に壺や甕が残されており、大柳生宮ノ前遺跡ではミニチュアの壺約一〇〇個体が周辺で出土している。このような状況から祭祀執行者すなわち首長が土器で汲み、それを参列者すなわち共同体の成員が壺や甕、ミニチュアの壺に分配して持ち帰ったと想像することができる。持ち帰った水はそれぞれの耕作地へまかれたかもしれない。

導水施設が灌漑用水にかかわるカミマツリだとすれば、複数の共同体かどうかは別にして、このように考えることもできよう。

しかし、私には、導水施設が灌漑用水にかかわるとは思えない。それは、共同体成員の参加のもとにおこなわれたカミマツリが、二重にも三重にも結界されたなかで秘儀のようにおこなわれたか強い疑問をもつからである。水にかかわるカミマツリの場としてもっとも重要視されていたのは「井戸」だと私は考えるが、これまでに、湧水施設形埴輪が二点しか出土していないのに対して、導水施設形埴輪は九点も出土している事実をみると、導水施設でおこなわれるカミマツリ（流水祭祀）[27]のほうがより重要であったのかもしれない。いずれにしても施設のありかたからみて、流水祭祀は、灌漑用水にかかわるカミマツリのためにおこなわれたとは考えがたい。灌漑用水に関連するのであれば、次に述べる湧水点祭祀とか井泉祭祀といった、源泉地点でおこなわれるカミマツリのほうがふさわしいであろう。

## 投げ込む品々

流水祭祀で注目すべき点は、「井戸」と違って流水を利用することである。律令社会では、水は汚穢や疫病神を流すと考えられ、溝や河川にさまざまな祭祀品が投入された。祭祀品だけでなく、時には遺体さえも流された。便所が水路の上につくられたのも、こうした思想と無関係ではないであろう。便所といえば、導水施設を産屋の便所とする説がある。[28]南郷大東遺跡の素掘り溝から、多量の寄生虫が検出されているためである。発掘担当者は、寄生虫を含む土層は、遺構が廃絶した後に堆積したものであるとして否定的である(29)。私も、産屋ならばそこで何日も生活するのだから、カマドや炉やベッドがありそうなものだと考えるが、そのような形跡がないだけでなく生活痕もまったく認められないのである。仮に便所だとしても、藤原京や平城京で検出されているような水路の上に板を渡したタイプではなく、なぜ浅くて水量も少ない複雑な構造の木樋便所にしたのか、なぜ狭い産屋の真ん中に便所を設置したのかなど疑問点が多く、賛同しがたい。しかし調査者が、遺構の廃絶後の二次堆積というだけでその理由を説明しえない現時点では、遺構が使われていた頃に糞便が堆積した可能性も完全には否定しえない。それは、「井戸」とされる遺構からも寄生虫が検出され、糞便が投入されたと考えられる例があるからである(30)。先に述べたように、糞便はなんらかの強い霊力をもつとみなされた節があるものの、研究がまったくおこなわれていないため、流水祭祀とのかかわりについても明らかでなく、今後の研究課題である。いずれにせよ流水祭祀は、遺構や埴輪にみられるように秘儀性がきわめて高いことが特徴で、水を聖性視する観念は、水にかかわるカミマツリのなかではもっとも高かったとみてよい。

それでは具体的にどのようなカミマツリであったのか。残念ながら現時点ではこれという成案は得られていない。首長の禊とかウケヒなど「井戸」をめぐっておこなわれたのと同様のカミマツリが想定されるが、導水施設が使われたのは古墳時代にほぼ限られることから、この時代特有のカミマツリとしてなされ、早くに衰退したか、次の時代(飛鳥時代)には、祭祀の内容・方法が大きく変質したのではないかと私は考えている。岡田精司が〈吐水儀礼〉と呼ぶ〈失われた祭儀〉の論考は、この点で大いに参考になる。[31]

「中臣寿詞」や『記紀』の神代の物語を手がかりとして、神話に基づいて〝失われた祭儀〟の復元を試みた。「中臣寿詞」や『大同本記』の天津水の由来の神話は、直接〝吐水儀礼〟を反映したものではないが、王権と聖なる井泉の結びつきを語るものであり、吐水儀礼と共通の大王の水の支配権を示す儀礼にかかわるものであろう。それは新嘗をはじめとする宮廷儀礼に用いる水を汲む、「御井」の祭儀にかかわるものと推定する。

岡田の論考によると、この吐水儀礼はかなり秘儀性が高く、湧泉の前でおこなわれていたようで、湧水施設形埴輪と関連がありそうである。一方、導水施設形埴輪は、後の時代にはほとんど例のないもので、しかも湧泉ではなく流水を対象としているから、吐水儀礼とは別の失われたカミマツリの存在を示しているのではないか。

## 四　湧泉祭祀

水を神聖視したと思われるカミマツリがもう一つある。湧水点祭祀とか井泉祭祀と呼ばれるもので、

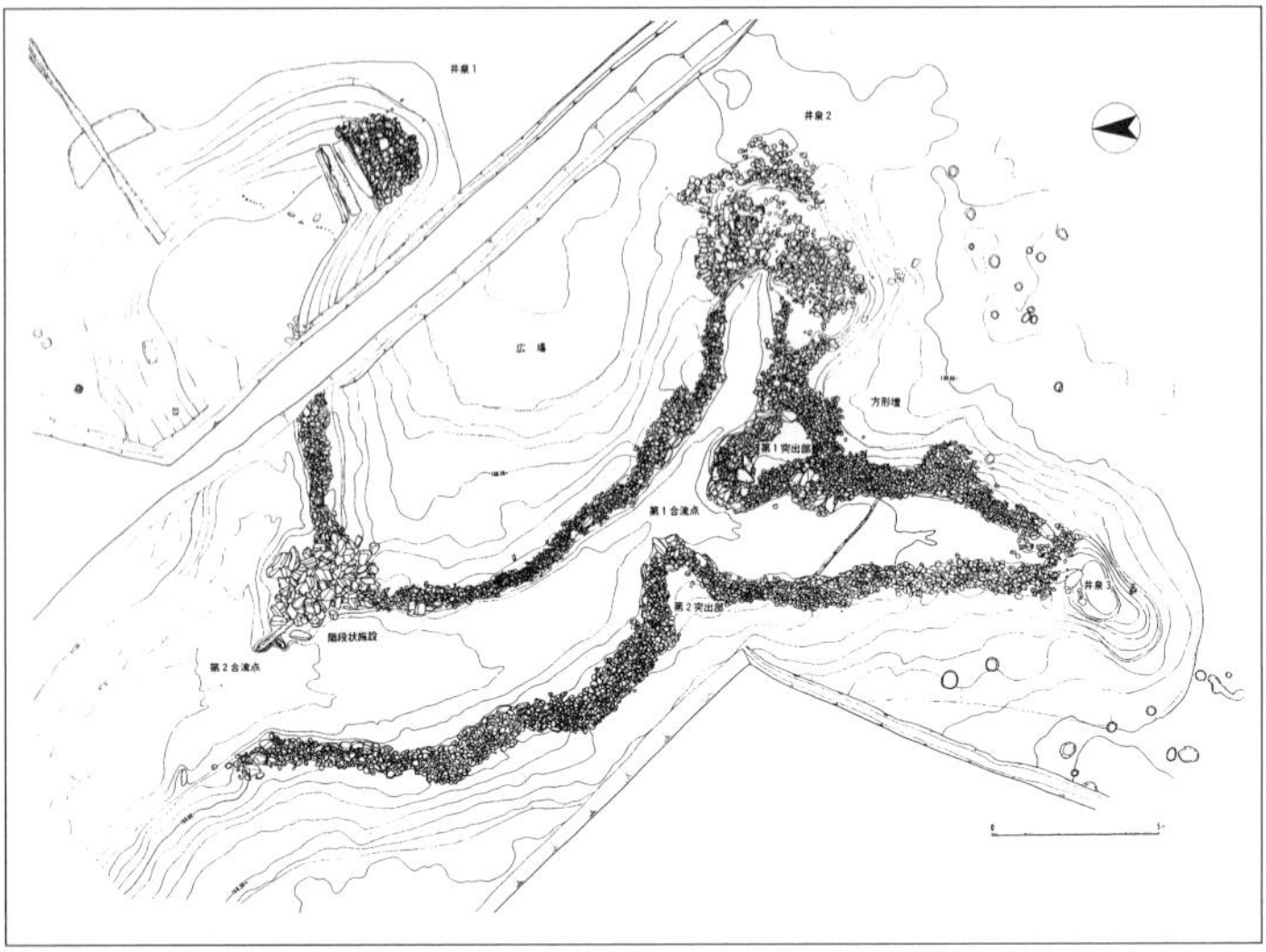


湧水点実測図（三重県城之越遺跡）

泉や水源など自然の湧水地、あるいは谷頭や比較的地下水面が浅い場所を掘削して水を湧出させた地を対象としたカミマツリである。考古学的には、前者の遺構例はほとんどない。これは、豊富な湧出量を誇る泉はカミの顕現する聖なる地として神社の禁足地や苑池でありつづけたためと考える。[32] 後者の例として代表的な遺跡が、三重県上野市の城之越遺跡である。この遺跡は、丘陵と丘陵の谷に地山を掘り込んで三か所の人工の井泉を作り出し、そのうちの二か所と、井泉に繫がる溝の上流部を石積みし、溝と溝の合流点のひとつに立石を配した突出部と方形壇を構築したものである。三か所の井泉から流れ出た溝は合流して一本の大溝となり、そこから以下（下流部）は貼

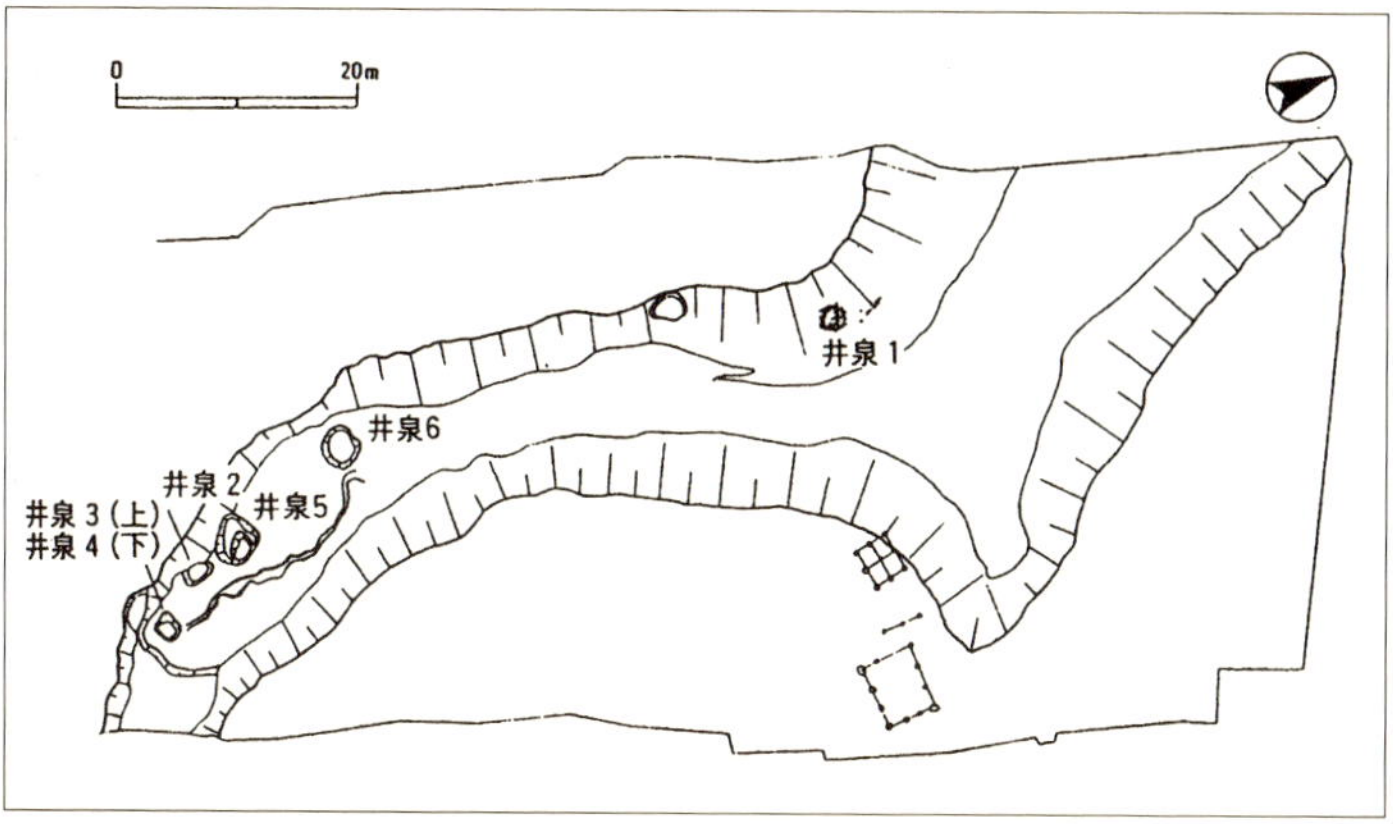


湧水点実測図（三重県六大A遺跡）

石のない素掘りの大溝となる。上流部の貼石溝は曲線を描いており、貼石溝と貼石溝に囲まれた空地部分（広場）は若干の盛土で整地されている。広場は、結果として周囲を石で囲まれた一五×一〇メートル程度の楕円形の空間であり、立石をもつ突出部に繋がる方形壇とともに、実際に祭祀行為が執行された祭祀の場そのものと解釈できると思われる。(33)

溝の護岸に石を積んだり、法面に石を貼って聖なる空間としている。規模や形態などは異なるものの、同様の遺構は奈良市の南紀寺遺跡、阪原阪戸遺跡、三重県津市の六大A遺跡、長野県更埴市の屋代遺跡群などで検出されている。

　これらの遺構を〈水の祭祀〉に用いたとする報告が多いが、穂積裕昌は検出される河や井戸（天真名井《あめのまない》）、剣や玉には『記紀』にある誓約（ウケヒ）儀礼の舞台装置や奉斎品と対応関係が認められるとして、ウケヒ儀礼のおこなわれた場ではないかと推定している。[34]しかし、ウケヒ儀礼は、きわめて秘儀性の高い儀礼と想定される。ところが湧泉祭祀[35]がおこなわれた場所は導水施設のような閉鎖的な空間ではなく、柵や塀もないきわめて開放的な空間であり、ウケヒ儀礼の場としては適切ではない。それではこうした空間は、どのようなカミマツリに使用されたのであろうか。

湧泉祭祀で注目されるのは、なんの遮蔽物もなく広大な空間でおこなわれたこと、六大A遺跡の四〜七世紀、[36]阪原阪戸遺跡の五〜八世紀、[37]屋代遺跡群の五〜八世紀、[38]城之越遺跡の四〜五（八？）世紀といったように、四〇〇年近くにわたって継続される例があることである。祭祀遺構がこのように長期にわたって継続されるのは、山岳宗教などを除いて他にあまり例がなく、このカミマツリが地域にとって重要だったことを示している。時代に応じて変化することもあっただろうが、このような長期に及ぶカミマツリは普遍的にあった可能性が高い。

## 灌漑

わが国で普遍的なカミマツリといえば、農耕祭祀である。流水祭祀は特殊な施設や遮蔽物を有するため農耕祭祀でないと先述したが、湧泉祭祀は木樋などを付設する事例もあるものの、基本的に石貼りの湧泉と溝、祭祀場（広場）から構成され、特別な施設や遮蔽物をもたず、一般的なカミマツリの祭具と考えられる滑石製模造品や手捏土器[39]を出土する。これこそ共同体成員の共同作業によって成り立つ稲作農耕や灌漑用水の源を祀ったカミマツリとみるのが妥当である。私が住む集落の隣りの集落では、一月の初辰の日の夜半に、辰上《たつのぼ》りと称して伯母・叔母からもらったオバ褌一丁で〈湯〉と呼ばれる湧泉まで小さな河川を遡り、湧泉で祭祀をおこなうが、[40] これもその一種である。また、谷の一番奥の谷頭、すなわちその集落の一番奥に、カミマツリに使うコメ（糯米）をつくる神田[41]があるのも、こうした湧泉祭祀と関連があると思われる。

『播磨国風土記』讃容《さよ》郡邑宝《おほ》の条にも湧泉祭祀にかかわる記述がみられる。[42]

> 彌麻都比古命《みまつひこのみこと》、井《ゐ》を治《は》りて、粮《かれひ》を湌《を》したまひて、即ち云《の》りたまひしく、「吾《あ》は多くの国を占めつ」とのりたまひき。故《かれ》、大《おほ》の村といふ。井《ゐ》を治《は》りたまひし処は、御井《みゐ》の村と号《なづ》く。

一般に「井を治る」とは、井（井戸）を掘り開くという意味とされるが、[43]〈掘〉ではなく、〈治〉が使われている。村の名となった御井とは、のちに述べるように聖なる湧泉を指すので、この井を治るという文言は、井戸を掘るという意味ではなく、湧泉を「治る」ということになる。治は一般におさめると読み、物事を穏やかにかたづける、落ち着いた状態にする、収拾するといった意味に用いられるが、『日本国語大辞典』には治めるの項目に、次のような興味深い引用がある。[44]

> 『日本読本』（1887）〈新保磐次〉六　「人民に工業を教え、或は川を修め、溝を開きて農業の便利を興し給ひき」

時代があまりにも隔たっているると批判するむきもあるかもしれないが、私は、『風土記』で用いられている〈治る〉は、この『日本読本』にあるように豊富に湧く泉の水を灌漑用水に利用して農地を拓いたことを強調したものとみる。その灌漑事業が無事成功したことは、『風土記』に「粮《かれひ》を飡《を》したまひて」とあるように、粮（炊いた飯を乾燥させた携帯食）を食べたという文言に表わされている。

灌漑事業を指揮し主導したのは、いうまでもなくその国の首長であった。未開の土地を開墾することはたんなる土木事業ではなく、荒ぶるカミとの闘いであった。これは『風土記』や『古事記』をひもといてみれば明らかである。土木工事の順調な進展を祈願するカミマツリが、首長を中心にすべての共同体成員のもと湧泉のそばでおこなわれたことは想像に難くない。湧泉祭祀が、滑石製模造品や手捏土器を使って、数百年にもわたって六大A遺跡などで連綿とおこなわれてきたのは、灌漑事業が首長だけのものではなく、共同体のものだったからである。「井を治りて」という文言に、灌漑事業にともなうカミマツリや、首長と共同体成員との関係をみるのはうがち過ぎであろうか。

## 五　聖なる石

このような水の祭祀がしだいに収斂されてできたのが、小墾田《おはりだ》宮推定地遺跡や平田キタガワ遺跡の苑池遺構、島庄遺跡の方形石組池と滝状遺構、飛鳥京跡苑池遺構、飛鳥池遺跡の亀形石像物と湧水施設、石神遺跡の須弥山を中心とした苑池など、飛鳥地域に数多くみられる石を多用した遺構とする説

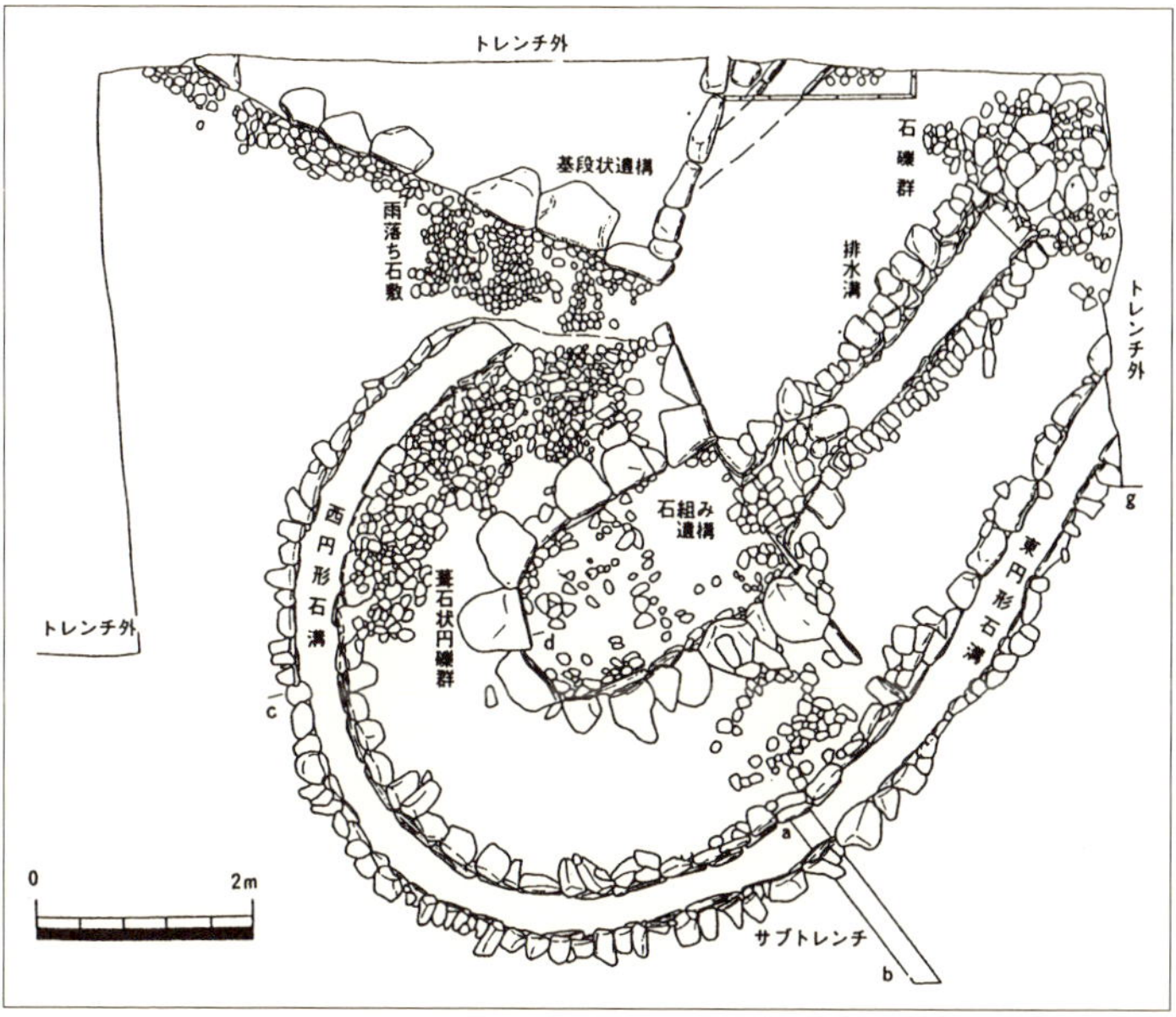


石組み遺構実測図（奈良県上之宮遺跡）

がある。[45]

奈良県上之宮遺跡で検出された「園池遺構」と石敷き遺構は、こうした流水祭祀と湧水点祭祀が結びついたものである可能性がある。「園池遺構」は石組と石組の周りを巡りさらに直線的にのびる石溝とで構成される。この石組の周囲で木製品をはじめ祭祀遺物が検出されている。……

この上之宮遺跡の遺構の系譜上にあるのが、嶋宮遺跡・宮滝遺跡の園池遺構である。これらは宮殿に付帯する施設であり、眺望する庭園としての機能が付加されたであろうが、水を使用した祭祀であることについて、本質的な変化はなかったと考えるべきであろう。

これは、水を使用するという祭祀ということで共通することを重視した説であるが[46]、これに対して、現在のところ、城之越遺跡とこれら「園池遺構」とされるものとは石組み施設から石組み（貼石）溝を通り、素掘り溝へ排水するという構造上の共通点と、上之宮まで明確に認められる祭祀の場としての共通性を指摘することができるが、城之越遺跡の曲線を重視した平面プランや立石の存在、「祭祀」の内容では当然のことながら差異も指摘できるわけで、城之越遺跡例のほうがより祭祀性が高いものと捉えられる。これらが一系列のものとして系譜的に追えるかどうかは今後の検討課題のひとつであるが、少なくとも、石を使用することによる「神聖さ」の意識というものは時代を越えて共有されているものとおもわれる。

と、石の聖性の連続性を重視し、水と石のカミマツリが、古墳時代から飛鳥時代まで継続しておこなわれていたと想定されている[47]。

水だけでなく、石の聖性にも強い関心を抱いている私にとって、水と石を組み合わせたカミマツリは大変興味深い。しかし、石を多用した宮や苑池は飛鳥時代にしかなく、奈良時代以降はみられない。また、多くの研究者が述べているように、飛鳥の苑池は、仏教思想や道教思想、神仙思想の影響のも

石造物の全景（奈良県飛鳥池遺跡）

とに造られた可能性が高く、わが国の固有信仰とのかかわりが希薄であることなどから、古墳時代の水の祭祀と飛鳥の苑池は連続しないと思われる。石の聖性についても、磐座《いわくら》と呼ばれる巨石や巨岩をカミの宿る聖なる物質として信仰の対象とすることは古く弥生時代にまで遡る可能性はあるが、河原石のような小さな石まで対象になるのは、平安時代以降と考えられる。すべての石が信仰の対象となったわけではなく、丸い石やサザレ石のように成長するとみなされていたもの、ヘソ石のように中央が凹んだもの、穴の開いたものなど、一定の特徴を備えた石に限られていたから、宮殿の敷石や溝の底石、「井戸」の周囲の敷石、道路の敷石にまで聖性を認めるというのは、いささか短絡的にすぎるのではなかろうか。まして、水と石を、聖なるものという概念だけでさも緊密な関係があるかのごとく論じるのは賛成できない。私は、宮殿の敷石などは荘厳にみせるため、「井戸」の周囲や道路の敷石はぬかるみを防ぐため、苑池や溝の護岸の石垣や貼石は法面の侵食を防止するためというように、実用的な意味があったと考えている。

ただし、飛鳥時代の苑池が仏教や道教や神仙思想にもとづいて造られたとしても、その背景には水を神聖視する観念が存在したとみる考えには同意する。古墳時代にはわが国固有のカミ観念にのっとって、さまざまな水の祭祀施設を建造し、カミマツリをおこなったが、飛鳥時代になって中国や朝鮮半島から新たな思想や造形が伝来すると、支配者たちはカミマツリを保持しつつも多様な様式の苑池（水の祭祀場）をつくった。しかし、苑池遺構に具体的なカミ観念をみることはできない。おそらく支配者たちは苑池にカミ観念を反映させようと努力したのであろうが、体系的で論理的な外来思想に圧倒されて結果的に表面には現われなかったのであろう。『神道』が独自の体系をもたず、道教・仏教・神仙思想・陰陽道など外来の思想を寄せ集めて構成されているように、日本人のカミ観念にも独自の理論はなかったため、外来思想に埋没してしまったと思われる。

弥生時代以降の日本人のカミ観念（基層信仰）をもっともよくとどめているのは、奈良時代に役小角《えんのおづぬ》が開いたといわれる修験道であろう。この宗派のもっとも重要な修行の一つに、滝行がある。滝に打たれることによって禊《みそぎ》をし、穢《けがれ》を祓い、心身を清めて鍛えるとされるが、その行法は水を聖性視するわが国の基層信仰が変形したものではないだろうか。役小角が修行したといわれる葛城山系には磐座も巨大な岩壁もないが、滝は多い。このような修験道場は各地でみられる。神聖な水のカミマツリがさまざまな外来思想と合わさり、滝行に結実したと思われる。禅宗寺院を中心に発達してきた枯山水（古泉水）の中心に滝が表現されるのも、日本人の水の神聖視と無関係ではない。

現代でも、神と水との関係はあらゆる場面でみられる。たとえば祭礼の前に風呂に入ったり、神輿を水に浸けたり（神輿洗い）、駕輿丁《かよちょう》に水を浴びせ懸けたり、神社の境内に入るときに手を洗って口を嗽《すす》いだり、笹を熱湯に浸けて振り撒いたり（湯立神事）、元日に井戸から水を汲んだり（若水）、願いごとをかなえるために水垢離《みずごり》をしたり、雛人形を川に流したり（流し雛）、田圃の水口に榊《さかき》を立てたりする（水口祭り）。これらの習俗や行事が成立した時期や水とのかかわりの意味はさまざまであるが、日本人の水に対する観念がよく表われている。〈水に流す〉という表現もその一例であろう。

(1) 池上曽根遺跡史跡指定20周年記念事業実行委員会『弥生の環濠都市と巨大神殿』一九九六
(2) 乾哲也「弥生ビトの祈りのかたち――池上曽根遺跡における祭祀の事例」『月刊考古学ジャーナル』第三九八号、ニューサイエンス社、一九九六
(3) 浅川滋男「太陽にむかう舟　池上曽根遺跡・大型掘立柱建物の復原」『奈良国立文化財研究所年報』一九九八‐一
(4) 広瀬和雄「神殿と農耕祭祀――弥生宗教の成立と変遷」『弥生の環濠都市と巨大神殿』一九九六
(5) 辰巳和弘『風土記の考古学――古代人の自然観』白水社、一九九九
(6) 秋山浩三「池上曽根遺跡中枢部における大形建物・井戸の変遷」『みずほ』第三一号、大和弥生文化の会、一九九九
(7) 前掲注6、秋山浩三
(8) 前掲注5、辰巳和弘
(9) 近年の年輪年代測定によって、これまで西暦一世紀前半～後半と推定されていた弥生時代中期後半（Ⅳ期）が、紀元前一世紀中頃まで約一〇〇年遡る可能性が指摘されている。そうすると「従来、北部九州が先行していたとされる時代関係が平行することになり」、北部九州と近畿では、同時進行的に稲作が拡大していったとみる説も成り立つことになる（前掲注1、池上曽根遺跡史跡指定20周年記念事業実行委員会）。
(10) 今西錦司「主体性の進化論」『世界の名著50　ダーウィン』中央公論社、一九七九
(11) 群馬県教育委員会ほか『上越新幹線関係埋蔵文化財発掘調査報告書第八集　三ツ寺Ⅰ遺跡　古墳時代居館の調査』一九八八
(12) 「中溝・深町遺跡（新田東部工業団地遺跡）」『シンポジウム1　水辺の祭祀』日本考古学協会一九九六

年度三重大会三重県実行委員会、一九九六
(13) 松阪市教育委員会『国史跡　松阪宝塚1号墳　調査概報』二〇〇一
(14) 岡田精司「大王と井水の祭儀」『講座日本の古代信仰　第三巻　呪ないと祭り』學生社、一九八〇
(15) 辰巳和弘『高殿の古代学——豪族の居館と王権祭儀』白水社、一九九〇
(16) 加古川市教育委員会『加古川市文化財調査報告書15　行者塚古墳発掘調査概報』一九九七
(17) 渞斎「「水の祭祀場を表した埴輪」についての覚書」『八尾市文化財調査報告45　史跡整備事業調査報告2　史跡　心合寺山古墳発掘調査概要報告書』八尾市教育委員会、二〇〇一
(18) 伊藤ていじ『古都のデザイン　結界の美』淡交新社、一九六六
(19) 前掲注11、群馬県教育委員会ほか
(20) 青柳泰介「導水施設考——奈良県御所市・南郷大東遺跡の導水施設の評価をめぐって」『古代学研究』一六〇号、古代學研究會、二〇〇三
(21) 前掲注13、松阪市教育委員会
(22) 前掲注20、青柳泰介
(23) 坂靖「古墳時代の導水施設と祭祀——南郷大東遺跡の流水祭祀」『月刊考古学ジャーナル』三九八号、ニューサイエンス社、一九九六
(24) 青柳泰介「囲形埴輪小考」『同志社大学考古学シリーズⅦ　考古学に学ぶ——遺構と遺物』一九九九
(25) 前掲注20、青柳泰介
(26) 前掲注17、渞斎
(27) 導水施設を用いたカミマツリについては、坂靖が〈流水祭祀〉と仮称しているのが唯一の例である。私も、このカミマツリの特徴は、静水でなく流水を用いることと考えている、その名称を借用した（前

掲注23、坂靖)。

(28) 黒崎直「古墳時代のカワヤとウブヤ――木槽樋の遺構をめぐって」『考古学研究』第四五巻第四号（通巻一八〇号）、考古学研究会、一九九九

(29) 前掲注20、青柳泰介、坂靖「南郷大東遺跡」『奈良国立文化財研究所学報第五七冊　日本の信仰遺跡』一九九八

(30) 御所市教育委員会『御所市文化財調査報告書第一一集　鴨都波一一次発掘調査報告』一九九二、静岡県埋蔵文化財調査研究所『静岡県埋蔵文化財調査研究所調査報告第六三集　川合遺跡八反田地区Ⅱ　平成三・四年度県営住宅南沼上団地建替工事に伴う埋蔵文化財発掘調査報告書』一九八八

(31) 前掲注14、岡田精司

(32) 境内に湧泉がある神社では、その泉を御神体として崇め、カミマツリがおこなわれていたのだろう。具体例については以下を参照。日色四郎『日本上代井の研究』日色四郎先生遺稿出版会、一九六七、山本博『井戸の研究』綜芸舎、一九七〇

(33) 三重県埋蔵文化財センター『三重県埋蔵文化財調査報告99－3　城之越遺跡――三重県　上野市比土』一九九二

(34) 穂積裕昌「井泉と誓約儀礼――記紀誓約神話成立の背景」『同志社大学考古学シリーズⅦ　考古学に学ぶ――遺構と遺物』一九九九

(35) この種のカミマツリは考古学者により井泉祭祀とか湧水点祭祀と呼ばれているが、井泉や湧水点という言葉は辞書にはなく、考古学研究者の造語である。そこで本書では水文学《すいもんがく》や辞書にある湧泉という言葉を使用し湧泉祭祀と名称した。

(36) 三重県埋蔵文化財センター『三重県埋蔵文化財調査報告115－16　一般国道23号中勢道路（8工区）建

設事業に伴う六大A遺跡発掘調査報告』二〇〇二
(37) 奈良県立橿原考古学研究所「阪原阪戸遺跡(阪原遺跡群第二次)発掘調査概報」『奈良県遺跡調査概報一九九二年度(第一分冊)』一九九三
(38) 長野県教育委員会ほか『長野県埋蔵文化財センター発掘調査報告書29　上信越自動車道埋蔵文化財発掘調査報告書25　更埴条里遺跡・屋代遺跡群』一九九八
(39) 滑石製模造品や手捏土器は祭祀遺跡のほかにも集落跡や住居跡からも出土していることから、カミマツリの祭具としてもっとも一般的・普遍的であったと思われる。
(40) 安土町教育委員会『ふるさと近江伝承文化叢書　安土　ふるさとの伝説と行事』一九八〇
(41) ウルチよりもモチのほうが冷水に強いとされているので、最上流の冷たい水が流れ込む水田にはモチを植えて緩衝地にするという実用面も兼ねていた可能性もある。
(42)『日本古典文学大系2　風土記』岩波書店、一九五八
(43) 小松和彦『神々の精神史』講談社、一九九七、前掲注42
(44)「治める」『日本国語大辞典』小学館
(45) 亀田博「飛鳥地域の苑池」『橿原考古学研究所論集　第九』吉川弘文館、一九八八、千田稔『飛鳥――水の王朝』中公新書、二〇〇一
(46) 前掲注23、坂靖
(47) 前掲注33、三重県埋蔵文化財センターの(9)「大溝空間」の性格とその意義

# 第四章　再び井戸の出現について

## 一　仏教の伝来

弥生時代や古墳時代の「井戸」がカミマツリに使う聖なる水を得るために開鑿されたのだとすれば、飲料水など生活用水用の井戸はいつ頃、どのような理由でつくられたのであろうか。結論を先にいえば、それは仏教の伝来と拡大、より正確には仏教寺院の建立に伴って出現したと考える。

仏教が朝鮮半島から伝わった年代には五五二年説と五三八年説があるが、一般には五三八年説が採られている。しかし、それより前に渡来系氏族や渡来系氏族と親しい豪族たちが信仰していたとみられており、おそくとも六世紀初頭にはわが国に伝えられていたことは確実である。六世紀初頭といえば古墳時代後期のはじまりに相当し、各地で横穴式石室と呼ばれる古墳が盛んに造営された時期である。このころ仏教が東国にまで拡がっていた可能性は、群馬県高崎市の観音山古墳（六世紀末）から金銅製水瓶が、八幡観音塚古墳（六世紀末）から承台付金銅製有蓋銅鋺が、埼玉県行田市の将軍山古

承台付金銅製有蓋銅鋺
（群馬県八幡観音塚古墳）

金銅製水瓶
（群馬県綿貫観音山古墳）

墳（六世紀末）から台付金銅製有蓋銅鋺が出土していることからもかなり高い(1)。

『日本書紀』には、推古天皇三二年（六二四）に寺院が四六、僧が八一六人、尼が五六九人いたと記されている。近年の発掘調査によりいわゆる飛鳥寺院の数は増えているが、大和を中心とする畿内がほとんどで、東国では八世紀に入ってからでないと寺院は造営されなかったとみられる。つまり東国では仏教思想が伝播してから実際に伽藍が建立されるまで一〇〇年以上を要したことになる。

そのギャップをどのように解釈するかであるが、一つは、仏教の受容とはかかわりなく、仏具を、宝器や呪具として古墳に副葬したとする考え方である。いま一つは、仏教を受容し、信仰はしていたが、寺院を建てるだけの財力がなかったか、僧尼や建築技術者・瓦工・画工などの寺院を建てたり、荘厳具を作ったり、経営する人間がいなかっ

東大寺二月堂閼伽井屋

たためとする考えである。どちらが妥当であるか判断は難しいが、いずれにしても六世紀末には東国にもカミ観念以外の宗教観がもたらされていたことは否定できないであろう。

寺院が建立され、本尊が安置され、僧尼が止住すると、本尊に供えるための閼伽水《あかみず》（香水《こうずい》）がまず必要となる。次に、本尊の供物と僧尼たちの食事を調理する水、温室（湯屋）に使う水、飲み水、便所のあとに手を洗う水なども いるようになる(2)。寺院が大きくて僧尼たちの数が多ければ多いほど、必要な水の量は増大する。仏教では、カミマツリとおなじく清浄さをきわめて重視する。とりわけ閼伽水は、閼伽井《あかい》と呼ばれる湧泉や井戸の水を利用するが、神聖視されていることが多い。〈お水取り〉で著名な東大寺二月堂の閼伽井屋は入口に注連縄を張り、一般人の立ち入りを許さない。お水取りの当夜も閼伽井屋に入れるのは呪師《じゅし》と堂童子《どうわらべ》、阿伽棚《あかだな》を担いだ庄駈士《しょうくし》だけで、厳重な警護のなか、扉を閉ざして明かりを一切用いずに浄水(3)を汲むというように、聖性を徹底して保っておこなわれるのである。このように仏教における閼伽井とカミマツリにおける「井戸」にはなんら違いはなく、聖なる水という観点からみるとカミとホトケはきわめて近しい関係にあることがわかる。それは後に述べるように、二月堂の閼伽井が遠敷《おにゅう》明神の使者である黒白二羽の鵜《う》によって穿たれたという伝承にも表われている。

## 二　神の観念

### 若水汲み

私は、国家仏教が盛んになる一方で、神仏習合が庶民の支持をうけて急速に進んでいった背景には、水を聖なるものとする観念がカミとホトケの両者に共通していたためと考える。五来重は、お水取りの香水について次のように述べている(4)。

香水は閼伽と同じく仏に献ずる聖なる水の意であるが、修正会《しゅしょうえ》・修二会《しゅにえ》ではすこし意味が異なり、これをもって罪穢をきよめはらう呪力をもつ聖水である。したがって、この意味の香水を身につけたり飲んだりすれば、病を癒し健康を増し、災を除くことができる。これはきわめて原始的な水の呪術信仰で、弘法清水などもおなじ信仰でしばしば流行神的な発展をすることがある。東大

益須寺跡出土瓦（滋賀県益須寺遺跡）

寺二月堂のお香水は『二月堂縁起絵巻』に「飲むもの衆病を除く」とあるほど効験があると信じられて、いまだに重病でこれをいただきに来るものが後を絶たないという。そのために修二会中の香水汲みには、仏前の閼伽というよりも、一年中信者の需めに応ずるために余分に汲んで、本尊の須弥壇の下の香水壺に保存しておく。

ここで問題になるのが、〈原始的な水の呪術信仰〉という言葉である。水が病を癒し健康を増すという観念が弥生時代や古墳時代にあったのか疑問である。温泉は別にして、湧泉が疾病に効果があるとする伝承は、カミ観念の世界ではほとんどみられないからである。『日本書紀』の持統天皇八年三月一六日の条には、「醴泉《こさけのいづみ》、近江国の益須郡《やすのこほり》の都賀山《つがやま》に涌《わ》く。諸《もろもろ》の疾病人《やまひびと》、益須寺に停宿《やど》りて、療め差《をさい》ゆる者衆《おほ》し」とあり、病人が湧きだした泉で治療にあたったという。(5) この醴泉を二月堂の香水のように飲んだのか、それとも湯屋（風呂）の水に利用したのかは明らかでないが、いずれにしても、湧泉が病気に効果があるとする伝承は、現世利益を求める傾向のある仏教と深くかかわっていることがここでも知られる。二月堂の閼伽井は〈若狭井〉と呼ばれていることから、お水取りと若狭国との関係についてさまざまな見解がみられるが、五来はワカサは若水を意味すると述べたうえで、お水取りの意義をこう説いている。(6)

東大寺修二会では若水を汲み上げて、その呪力に香水加持を加え、加持力を増して病気災難を払うというのが、「お水取り」の意味であった。したがって、走り行のあとで、「礼堂香水」をいただいた参拝者は、掌の僅かな香水を飲んだり額に塗ったりするのである。

ここにある若水とは若返りの水、〈復水〉の意で、『万葉集』には「変若水」「越水」と記されている。(7) 復水は月に存在すると信じられていた水で、欠けた月がまた満ちることを生き返ったと考えたことに由来する。この復水を謡った歌が『万葉集』に数多いことから、復水＝若水をわが国固有の信仰と解釈する研究者が多いようである。

とりわけ若狭井から香水を汲む秘儀は、若水迎えと対応しており、民俗と仏教儀礼の交流をものがたってくれる好例でもあった。それは閼伽井の名称として、きわめて象徴的にしめされていた。すなわち若狭井である。おそらくこの命名には、閼伽井をめぐる若水汲みの記憶がたたみこまれているにちがいない。

このように、お水取りという仏教行事の基底に若水汲みという民俗行事を想定する見解がある。(8)しかし、若水汲みをわが国固有の信仰といえるのであろうか。若水の語が散見されるのは平安時代後期で、それ以前はどう呼ばれていたのか明らかでない。ただ、『延喜式』の「主水司《もいとりのつかさ》」の項には次のような記述がある。(9)

御生気御井神一座祭中宮准此

……

右随御生氣。択宮中若京内一井堪用者定。前冬土王。令牟義都首渫治即祭之。至於立春日昧旦。牟義都首汲水付司擬供奉。一汲之後廃而不用。

前年一二月の土用以前に、宮中か京内にある井戸一か所を封じておき、立春の日の早朝にその井戸から水を汲み、天皇に奉ったとあるから、おそくとも平安時代前期には、若水汲みの原形となる行事が宮中でおこなわれていたことが知られる。ここで注目されるのは、若水汲みに一度使用した井戸は廃止されて二度と使わなかった点である。発掘調査でも突然廃棄されたと思われる井戸が見つかるが、そのなかには若水汲みに用いられたものもあるかもしれない。若水を汲んだ井戸が廃棄される理由については、現在のところわかっていない。

若水汲みがどのような経緯で成立したのか明らかでないが、平安時代前期には宮中の立春行事となり、平安時代後期には貴族社会に拡がっていったとみられる。[10] こう考えると、二月堂のお水取りは、平安時代後期に貴族社会に取り入れられ、一般化するようになった若水汲みとは無関係であったといえる。『万葉集』にみえる復水（変若水）は字面を見れば似ているが、若水汲みは天皇の儀礼である「立春水」に起源を有し、変若水は朝鮮半島や中国大陸に起源をもつと考えられ、両者を関連づけることはできない。しかも、『万葉集』以降は復水（変若水）の語はほとんどみられなくなり、この思想は奈良時代に一時的に流行っただけで早くに廃れたと考えられる復水（変若水）の思想が大陸からもたらされたとみるのは、わが国では天体に対する関心がきわめて低く、[11] 月の満ち欠けとかかわる観念を奈良時代の人びとが創造したとはとても考えられないからである。このようにお水取りと若水や復水は何のかかわりもなかったことがわかる。お水取りの起源は、仏像に供える聖なる閼伽井の水を参拝者に分け与えたことにあったのではないだろうか。

五来重は、かつてお水取りの際に、二月堂石段下に種物屋が店を出し、参拝に訪れた農民がこの種と家にある種をいっしょに播けば豊作になるとして買い求めたこと、修正会や修二会には現在も全国各地でおこなわれている豊饒・予祝の行事と共通点が多々あること、地元の農家の人びとが仲間・童子・堂童子・小綱などと称して練行《れんぎょう》をする人々の世話や雑事を引き受けることなどから、「東大寺修二会は本質的には日本の農民の民間行事であった。農民が奉仕し、豊作を祈願し、農作物の種さえもそこから求めてくる、土くさい年中行事であった」と述べている(12)。「外来の宗教が民衆の宗教としてその国に定着するには、土着の年中行事と習合するのがもっとも近道である」とするならば(13)、修正会や修二会に、わが国の基層信仰であるカミ観念が取り入れられ、今日のような形式になったとみて問題ないであろう。その媒体となったのが、遠敷明神が実忠に献じたという閼伽井である。『東大寺要録』にはこうある(14)。

今聞古人云。実忠和尚。被始六時行法時。二月修中。初夜之終。読神名帳。勧請諸神。由茲諸神。皆悉影嚮。或競与福祐。或諍為守護。而遠敷明神恒憙猟漁精進是希。臨行法之末晩以参会。聞其行法随喜感慶堂辺可奉献閼伽水之由所示告也。時有黒白二鵜忽穿磐石従地中出飛居傍樹。従其二迹甘泉涌香水充満。即畳作石為閼伽井其水澄映世旱無涸。

神が僧のために作善をおこなう、神仏習合思想にもとづく説話とはいえ、二月堂修二会の根幹をな

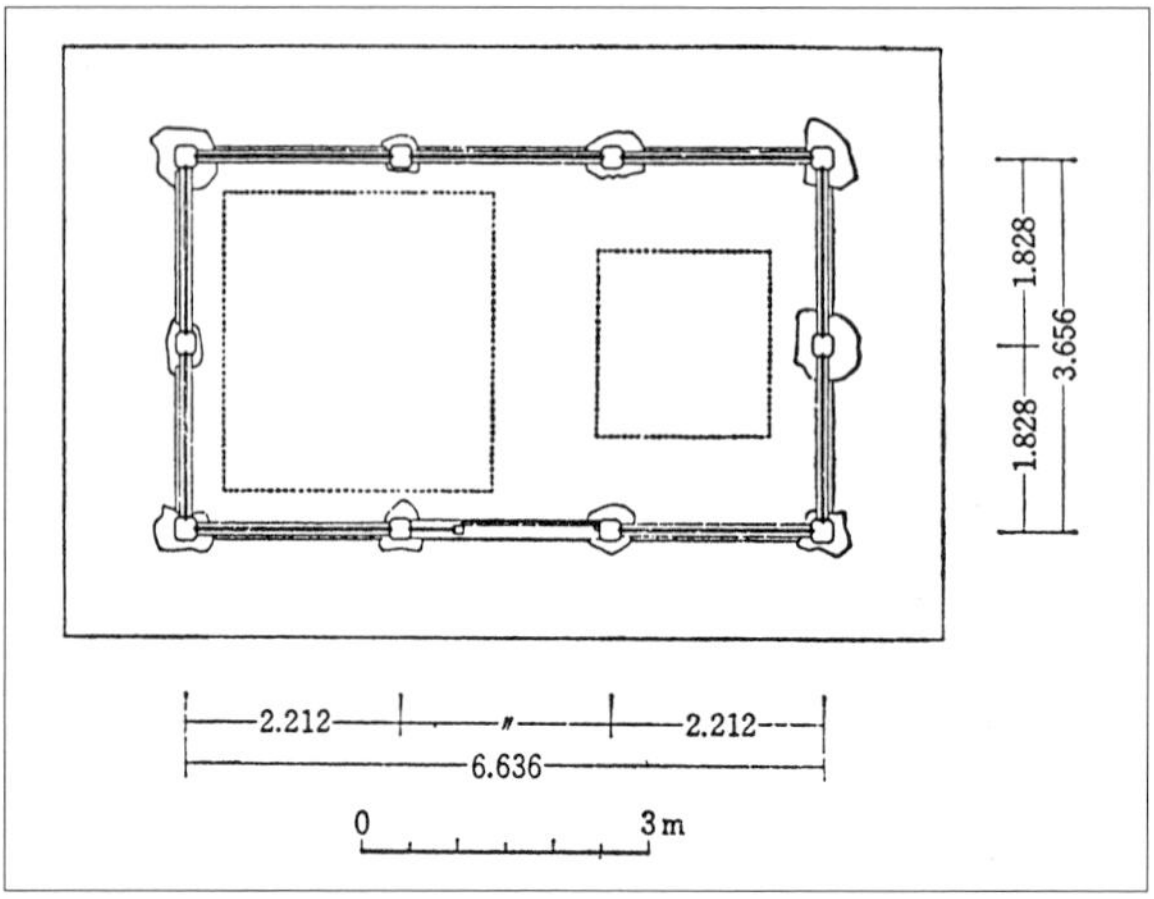


東大寺二月堂閼伽井屋平面図

す閼伽井が、神によってもたらされたという前段の説話は、お水取りが、いかにカミ観念と深く結びついているかをはっきり示しており、興味深い。

後段の説話で問題となるのは、閼伽井が二か所から湧出したという記述である。閼伽井はお水取りの日の深夜に特定の人しか入れず、普段は立ち入り禁止であるため詳細は明らかでないが、湧泉は大小二か所あり、東寄りの小さい方が一・八メートル、西寄りの大きい方が二・八メートルの方形で、湧泉の周囲には切石が積まれているとされる(15)。湧泉の内部には小砂利や砂が堆積していて底はきわめて浅く、水を汲み上げる閼伽桶に小石混じりの砂が付着することもあるという(16)。本尊などに浄水を献ずるだけならば、多少水量が少なくとも閼伽井は一か所で十分で、二月堂のように二か所も必要ない。これは、現在、二か所とも閼伽井とされているが、もともと一か所は香水を献ずる閼伽井で、もう一か所は飲料水

上：唐招提寺境内実測図
下：唐招提寺の醍醐井

などの生活用水を賄うための湧泉であったと私は想定する。

唐招提寺には醍醐《だいご》井と呼ばれる聖なる湧泉があるが、それ以外にも醍醐井のすぐ南に現在も使用されている井戸[17]と、東室の東に今は使用されていない古井戸がある。[18]醍醐井の南の井戸は、一六世紀末から一七世紀初頭にかけて描かれた伽藍配置図[19]に記されているので、東室東側の井戸は、それよりもさらに古く構築されたことが知られる。唐招提寺では、聖なる水の醍醐井と、生活用水の井戸が共存していたことになる。これは二月堂の二か所の湧泉の関係に似ており、注目される。

## 神聖化される閼伽井

前述したように、二月堂の閼伽井の内部の様子を知る人はほとんどいない。しかし、さまざまな記録によると、かつては覆屋もなく、現在のような秘儀性はなかったようである。この閼伽井は金光明寺（東大寺の前身）の中心的堂舎である羂索院《けんじゃくいん》（法華堂・二月堂を含む、後の東大寺上院部分）に付属するもので、二月堂の行事だけでなく、東大寺法華堂の桜会や法華会にも用いられていたことが後の資料によって知られる。[20]

山堺四至図では方形の輪郭の側に「井」の字を書くだけで屋根形はないから、覆屋の存在を示しているとはいえないし、長承三年（一一三四）に編纂されたと見られる『東大寺要録』の二月堂の項中にも、「練行衆等井辺に下集し、彼明神の在所に向って井水を加持す」とだけ書かれて、今日のように一、二名の人のみが覆屋の扉をあけて入り、他は外側で警護に当たるというやり方をとってはいなかったようである。また大江親通が嘉承元年（一一〇六）に書いた『七大寺日記』に「閼伽井可見」とのみ書き、保延六年（一一四〇）に詳記した『七大寺巡礼私記』にも「同院閼伽井二所、件井者有三昧堂之北、皆六尺許古泉也、東西相連不打」とだけあって、覆屋はなく、それが露出していたような書き方をしている。(21)

また、覆屋はこのように平安時代末頃までなかったことが知られる。覆屋もなく、今日のように厳格に管理されず、湧泉が二か所あるとすれば、このうち一方が生活用水にあてられていたとしても、唐招提寺の例からみてあながち的はずれではないであろう。

先にも述べたように、この閼伽井の内部には小石や砂が堆積していて底は浅いという。通常、岩間から湧出する湧泉には小石や砂は含まれない。仮に小石や砂が噴出して堆積するようであれば、井戸浚《さら》えをおこなえばよいだけである。だが閼伽桶が底に付くという状態は、井戸浚えをしなかったか、湧出量が減ったためとみてよいであろう。たとえ湧出量が減ったとしても、井戸浚えをすれば改善されるはずである。井戸浚えをおこなわなかったのは、時代が下るにつれてお水取りの秘儀性が強まり、閼伽井に触れることがタブー視されたためと私は考える。もちろん、生活用水に利用することなど論外であるから、生活用水に利用されていた湧泉は、使用を停止せざるをえなくなったのであろう。それでは生活用水はどうやって調達したのであろうか。私が注目するのは、閼伽井屋のすぐ下方の、湯

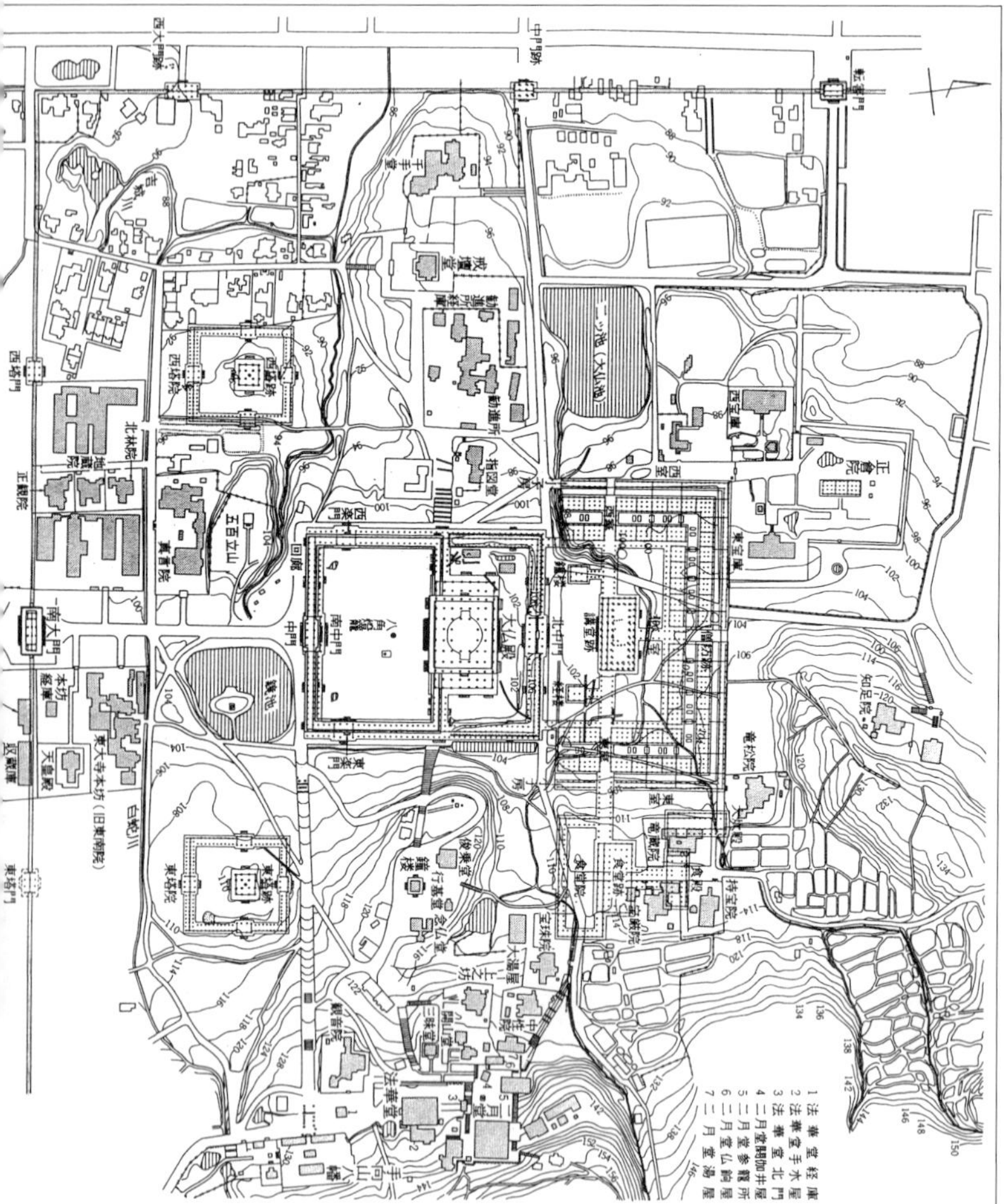

1 法華堂経庫
2 法華堂手水屋
3 法華堂北門
4 二月堂閼伽井屋
5 二月堂参籠所
6 二月堂仏餉屋
7 二月堂湯屋
南大門
中門
大仏殿
講堂跡
正倉院
二月堂
法華堂
東塔院
西塔院
鏡池
戒壇堂


東大寺境内実測図

屋と仏餉屋《ぶっしょうや》の間にある井戸である。この井戸がいつ建造されたのか明らかではないが、江戸時代前葉に描かれたとされる『東大寺寺中寺外惣絵図』(22)に載っているので、東大寺上院の生活用水を賄うため早くからつくられたと考えてよいであろう。この井戸の下方に、その水を使ったとみられる大湯屋が所在するのもその証左となしえるのではなかろうか。

古代に関して注目されるのは、聖徳太子にゆかりの橘寺・法輪寺・西方尼寺に、「春井《はるい》」・「千載井《せんざいい》」・「赤染井《あかぞめい》」と呼ばれる三つの井戸があること、あるいはあったことである(23)。赤染井は閼伽井の転訛と一般に考えられているが、その可能性はきわめて低いのではないだろうか。また山本博は、閼伽井を茜染に適した井戸と解しているが(24)、ある色に染めるためだけにわざわざ井戸を掘るというのは非現実的であるし、赤染井の名称をもつ井戸が、聖徳太子伝承寺院に限られるというのも閼伽井との関連を否定するものであろう。いずれにしても寺院の創建時の井戸でない可能性が高い。春井については、春を正月と解釈すると若水汲みにかかわる井戸とみることができる。若水汲みが貴族などに拡がるのは平安時代後期とされるから、仮に春井が若水にかかわっているとすればこのころにつくられたことになり、創建時の井戸でないことになる。千載は千年とか長い年月の意であることから、仮に、聖徳太子に直接関わる井戸を求めるとすれば、この井戸の可能性がもっとも高い。現在、橘寺に残っている唯一の井戸が千載井と呼ばれていることは、創建時の井戸かどうかは別にして、寺でもっとも古い井戸と認識されていることを示唆している。それではなぜ三つも井戸をつくり、伝えたのであろうか。そのヒントは御井という語にある。

## 大王の井戸

御井《みい》という語は、『万葉集』や『風土記』にいくつもでてくる。しかしこのうち、天皇（大王）とかかわる本来の意味での御井は、藤原の御井、山辺の御井、勒負の御井、山御井など、宮都や行宮《あんぐう》とかかわるものだけである。(25) ではそのほかの御井は、どのような性格の井戸だったのであろうか。岡田精司は、天皇（大王）に由来する例を抽出して、こう推測している。(26)

ここでは、土地に命名するのは天皇となっているものが多いが、これらの地名伝承は本来天皇とはまったく関係のないもので、二次的に大和の君主に仮託したものであることは、改めて説くまでもないであろう。土地神または地方首長層の行為として伝承されていたものである。これらの説話の中に、井泉のほとりで行われた地方的な祭儀の存在を推測させるものがのぞかれるであろう。

御井と呼ばれる湧泉のほとりで天皇が祭儀をした確かな記録は、『日本書紀』天智天皇九年三月九日の条に「山御井《やまのみゐ》の傍《ほとり》に、諸神《かみたち》の座《みまし》を敷きて、幣帛《みてぐら》を班《あか》つ。中臣金連《なかとみのかねのむらじ》、祝詞を宣《の》る」とあるとおり、大津宮の一角の〈山御井〉で神々を迎えて班幣の儀をおこなった例だけである。(27) 山御井とは、一般に大津市の園城寺（三井寺）金堂西脇に湧く閼伽井とされる。ここで注目すべきは、三井寺の三井が御井のことと考えられることである。先に三つの井戸があったといった法輪寺も、別名〈三井寺〉と呼

三井寺の閼伽井屋と霊泉

ばれている。法輪寺は、聖徳太子の妃とその子の山背大兄王が住んでいた宮の跡地に建つとされる。このことから、聖徳太子が信仰されるにつれ、太子が掘った御井ということで、のちに三井とする寺号にしたのではないだろうか。法輪寺とおなじく三井の伝承のある橘寺は太子誕生の地とされ、西方尼院も太子廟に接していて墓寺の可能性があることから、太子信仰が普及するにともない三井の伝承が作られ、それを証明するためにわざわざ井戸を三つも掘ったのであろう。これに対して、聖徳太子伝承をもたない園城寺（三井寺）に三つの井戸の伝承がないことは、本来、三井が、〈御井〉であったことを証している。

聖徳太子に関係しない御井のほとんどは自然の湧泉で、井戸枠を建造した掘り井戸とみられるものは少ない。それは、古代以前は身近に湧泉があって井戸をつくる必要がなかったことと、カミの顕現する場として湧泉がもっともふさわしいと考えられていたためである。「湧く」には、〈見えなかったものが表面に現われる〉とか、〈水が地中からもちあがるようにして出る〉という意味[28]があるが、この情景は地下他界に住まうカミがこの世に顕現する姿そのものなのである。御井と呼ばれる湧泉が、どのような理由で選ばれたのか不明だが、湯が沸くようにブクブクと湧き出る情景がカミの顕現にふさわしかったからだろう。だからこそ、御井のかたわらで天皇（大王）や地方首長が、さまざまなカミマツリを執りおこなったのである。園城寺（三井寺）の閼伽井が山御井であるとすれば、わが国のカミ観念の根幹をなす聖なる水の観念が、外来思想の仏教と結びついてあらたな水の観念が成立したことを意味する。東大寺二月堂の閼伽井も御井とは呼ばれなかったものの、本来はカミマツリのための聖なる水であり、金光明寺の建立によって仏教の装いをみせるようになったのである。お水取りが、きわめて難解な内容をもつ行事であるのは、カミとホトケの観念が錯綜しているためだろう。

## 三　身体を浄める

閼伽井《あかい》は聖なる水であり、本尊に日々供える香水《こうずい》や特別な行事以外に使われなかったことは、各寺院の聖性観や伝承からみても明らかである。寺院が建立されれば、閼伽水《あかみず》を得るための水場が必要となる。当初私は、この閼伽水を得るために井戸を造したと考えていた。しかし飛鳥時代に建立された寺院の多くは、先にみたように、湧泉の近くを選んで建てたと考えられ、閼伽水を得るためにわざわざ井戸を構築したとは考えられない。それでは、他に水を必要とするような理由が寺院にあるのであろうか。まず思いうかべるのは、僧侶その他多くの人びとの食事をつくるときの水である。官人でもあまり水を使わない料理を食べていたことを考えると、僧侶はさらに水を使わない食事をとっていたとみられ、ことさら井戸をつくらなくても近くの水場から汲んできて水甕に貯えれば、それで十分賄うことができたであろう。とすると、残るは風呂しかない。

### 風呂の起源

カミマツリにおいても、手足を洗ったり、口を漱《すす》いだり、水を肩にかけたり、頭からかぶったりして身体を清める。こうした所作は禊《みそぎ》と呼ばれ、身体についた穢《けがれ》や罪を祓うためのもので精神的な意味合いが強い。したがって、ごく少量の水しか使わず、近くの湧泉や川、井戸から汲んでくればそれで十分であった。全身を浸す沐浴でも湧泉や川に直接入ればよく、水を溜めた槽や釜などの容器に入って身体を洗ったりはしなかった。これに対して仏教では、精神の清浄さもさることながら、身体そのものの清潔さが求められた。身体に汗や垢をためてはならなかったのである。垢をおとすには、禊のように水をかぶったり水に浸かるだけでは不十分であった。湯に入り、布などでこそぎ落とすしかなかった。柳田国男はカミマツリと仏教における浴法の違いを指摘しているが[29]、妥当な見解であろう。

我邦に固有の浴法は単に海川に浸って身を洗ひ、又は今日の行水のやうに快活にして且つ単簡のものであったのを、僧徒永々の垢をこすり落し且つ心気を養ふと称して、立籠めた浴室の中で湯気を以て肌膚を柔げることを遣り始め、それが今日の如く一般民家にも流行するに至ったのであるまいか。

仏教では僧侶だけでなく、浴仏といって仏像も汗垢を洗い流される[30]。その典型例が、四月八日におこなわれる釈迦灌仏会《かんぶつえ》である。灌仏会は浴仏会とも降誕会とも呼ばれるように、釈迦の降誕を祝って、水盤のなかに「天上天下唯我独尊」と叫んでいる誕生仏（釈迦）を安置し、香水をかける法会である。本来は、種々の香木を調合して煮だした香水をかけたが、後世には甘茶の木か甘茶蔓の葉を煮だした褐色がかった水を使うようになる[31]。この灌仏会も、正確にいえば、誕生仏を洗っているわけでなく、香水をかけているだけである。

この灌仏会以外に浴仏に関する資料はほとんどないが、『兵範記』仁平二年（一一五二）一〇月一二日の条に[32]、羅漢の絵を湯で供浴した旨記されている。

午刻、僧侶参会、先羅漢十八舗、有供浴事、御堂御所西庇居床子桶等、儲御湯、釣棹懸帷十八領、敷半帖一枚為僧座、法橋源慶奉仕供浴役予居灑水、次奉懸羅漢、次申事由、次出御。

滋賀県善水寺の誕生釈迦仏立像

絵なので湯で洗ったわけでなく、湯をかける真似をしたか、篦《へら》のようなものではじきかけたのだろう。仏像でも木像や塑像、乾漆像などは塗りが剥げたり、像そのものが溶解する危険があるから、洗うとすれば金銅仏ということになる。初期の寺院の本尊は、多くは小金銅仏であったので、洗うことは十分可能であった。現在、お身《み》拭《ぬぐ》いと称して東大寺大仏や薬師寺の薬師三尊を湯で拭いたり、はたきで埃を払ったりしているが、これも一種の浴仏であろう。小さな仏像ならば手で持って洗えるが、大仏や薬師三尊のような大きな仏像はそのかわりに湯で身体を拭くようになったのではないか。仏像や仏壇の金箔を張り替えることを〈お洗濯〉するというのも、そうした伝統といえよう。たとえば、滋賀県伊香郡木之本町の鶏足寺《けいそくじ》に保管されている一三世紀頃の木造七仏薬師像は、かつて近くの川まで持っていって洗ったと伝えられる[33]。実際に洗ったかどうかは疑問だが、このような伝承は、浴仏の思想がわれわれが考える以上に普及していた可能性を示唆している。

仏教が伝来した六世紀にすでに浴仏がおこなわれていたとすれば、当然、閼伽井の聖なる水が使われたであろうから、湧泉をもたない寺院ではそのために井戸を掘った可能性は高い。しかし、先に述べたように、古い寺院ほど湧泉のある場所を選んで建立されているようなので、閼伽水だけを得るために井戸をつくったのかは、一考を要するであろう。

### 温　室

仏教伝来からまもない六～七世紀の仏像は、多くは高さが一五～五〇センチ前後という小型の小金銅仏である。そのためベビーバス程度の水があれば十分洗える。先に述べたように、寺院では汗垢を落とすために湯に入るのは仏像だけでなく、僧侶も湯に入った。僧侶以外の俗人については、のちに述べる施湯は別にして、通常は「政所付属の温室といっても、政所詰の寺僧、雑人ばかりでなく他に別な温室の施設のない場合は、寺内に居住するすべての僧俗の共用に任されたようであった」とする説があり、[34] 一般の人も温室に入ったとみるのが妥当であろう。多くの僧侶を抱える大きな寺院では、温室（湯屋）が設けられていたはずである。はずであるというのは、古代寺院の温室がまったく発掘されておらず、史料も限られているためである。

その乏しい史料から、温室の構造をみていこう。まず、風呂と湯を区別する必要がある。武田勝蔵はこう述べる。

〔風呂とは〕蒸風呂の略称で、釜に湯を沸かし、その蒸気すなわち湯気を密閉の浴室内に送り込むもので、これには浴室の横の釜舎で沸かし、釜蓋が木樋のようになって湯気を浴室内に送るものと、浴室のスノコの下に湯釜が設けられて、湯気がこのスノコを通じて上に送られるものとに大別される。入浴する者は、浴室内でこの湯気にあたり、恰も「さつまいも」を蒸すように、熱い水蒸気によって身体の皮膚が柔くなり、血液の循環が活発となり、その間に皮膚の汚垢が自ら浮きあがるので適当の時に室外に出て、笹の葉の類で軽く皮膚をたたくとか、なでるとかすると、浮いた垢がぼろぼろと落ち、それが終わると、そこに用意の微温の湯、または冷水で身体を充分に洗うのである。[35]

〔湯は〕洗湯とも書き、今日の一般家庭や公衆浴場（町湯、銭湯）と同じものである。その最初はおそらく木製の湯槽（風呂桶）ではなく、大きな鉄の湯釜が湯槽で、これには、別の湯釜にどんどん湯を沸かし、この湯を湯槽の鉄釜に運び入れるとか、樋などを利用して流し込み、これに適当に水をそそいで湯の加減を見て入浴する方法と、釜の下から直接に薪をくべて、適当な温度の湯に沸かして入る今日の長州風呂・五右衛門風呂類型のものの二つに大別され、更に後世に至っては鉄砲風呂のように浴槽の中で湯を沸かす装置のものなども出来たのである。(36)

温室が史料として確認できるのは、奈良時代に入ってからである。天平一九年二月一一日付の『法隆寺伽藍縁起并流記資財帳(37)』が最初である。

「温室壱口　長七丈八尺 広三丈三尺」

「合釜壱拾肆口

温室分銅壱口　口径四尺五寸深三尺九寸」

同じ日付の『大安寺伽藍縁起并流記資財帳(38)』にも記述が見られる。

「合温室院室参口

一口長六丈三尺広二丈　一口長五丈二尺広一丈三尺

一口長五丈広二丈　並葺檜皮」

「合釜参拾参口
銅十口　之中一口足釜　一口懸釜　一口行竈
鉄廿二口　之中七口在足並通物　鉄一口温室分」

平安時代に入ると、延暦二〇年一一月三日付の『多度神宮寺伽藍縁起資財帳(39)』に

「草葺湯屋壱間泥塗　長一丈六尺五寸　高六尺四寸　広一丈一尺」
「鉄湯釜壱口　受二斛
湯船弐隻　一隻長三尺六寸　広二尺四寸　深二尺三寸
一隻長二尺六寸　広二尺一寸　深二尺一寸」

貞観一三年八月一七日付の『安祥寺伽藍縁起資財帳(40)』に

「浴堂一院
檜皮葺屋二間　各長三丈二尺　床代二所
釜一口　受二石五斗
湯　槽一口」

貞観一五年に進上された『広隆寺資財帳[41]』に

「板葺伍間湯屋壹宇并在庇壱面　高八尺　長三丈八尺　広一丈六尺中破」

「湯釜壱口　受二斛

　以承和十一年買」

「湯船壱口　長」

元慶七年九月一五日付の『河内国観心寺縁起資財帳[42]』に

「板葺三間湯屋一間」

「湯釜一口　受九斗　在湯屋」

延喜五年一〇月一日付の『筑前国観世音寺資財帳[43]』に

「温室物章

　芊葺屋壱宇　長二丈八寸　広一丈七尺一寸　高一丈一丈(衍カ)一尺三寸　戸一具　今校　長二丈八尺　高四尺　広□

　鉄釜壱口　口径二尺二寸　深二尺　貞観八年尻穿」

中世絵巻の風呂の図（「慕帰絵詞第二巻　大和菅原の僧正房覚昭の房の風呂場」）

とある。このうち多度神宮寺、安祥寺、広隆寺の温室は、湯釜のほかに湯船（湯槽）を有することから、取り湯（汲み湯）式の洗湯であったことが知られる。

このほか法隆寺の場合は、深さがあるものの口径からみて取り湯式と考えられ(44)。観心寺の釜の大きさは不明だが、湯が九斗入るとされているのでこれも取り湯式であろう(45)。これに対して観世音寺の場合は口径・深さともに小さいことから、スノコの下に設置して湯を沸かし、蒸気を浴室内に送る蒸風呂とされる(46)。観世音寺の資財帳に、貞観八年、釜の尻（底部）に穴があいたと記されているので、釜の下に火をくべて使ったことがわかり、この推測は妥当であろう。

ところが、取り湯式の多度神宮寺や安祥寺・広隆寺の史料には、湯釜のほか湯槽・湯船があると記されているが、法隆寺と観心寺の史料にはその記述がない。あえて書かなかったのかもしれないが、資財帳の性格を考慮するとその可能性は低い。とすると、法隆寺と観心寺の温室も、観世音寺と同じく蒸風呂であったとみるのが妥当である。ただ、釜の大きさからみて、観世音寺のように、スノコの下で直接湯を沸かすのではなく、浴室の横の釜舎で湯を沸かし、木樋のようなもので浴室に蒸気を送り込んだものと推定される。大安寺の釜の寸法も記されていないが、湯槽の記載がないので法隆寺と同じ構造をしていたと考えられる。しかし、法隆寺の資財帳に「合温室分雑物弐種　犀角一本重三斤八両　小刀五柄(47)」と記されており、この犀角を湯槽に入れて薬湯にした(48)とすれば取り湯式となり、湯釜に入れたとすれば蒸風呂か洗湯のどちらかになる。奈良時代中期以前の史料が現存しないため、浴場施設を蒸風呂か洗湯か決めづらく、当初から両者が併存していたとみるのが妥当かもしれない。ただ、『正倉院文書』のなかに、「温舩一隻(49)」「温船板三枚(50)」「温船料板四枚(51)」という語が散見され、湯船を指すと考えられるから、取り湯式の洗湯が主流であった可能性はある。

### 湯釜

井戸と浴場施設との関係を明らかにするには、まず水の使用量を知る必要がある。先に引用した史料で注目されるのは、法隆寺の湯釜の材質である。法隆寺以外の寺では湯釜はすべて鉄製品だが、法隆寺だけはなぜか銅製品なのである。加工のしやすさからいえば、溶融温度の低い銅に軍配があがる。しかし、銅は鉄に比して硬度で劣り、重量があるうえ高価といった短所がある。このため製鉄が本格化する八世紀以降になると、銅製品は急速に姿を消す。そう考えると、法隆寺の銅製の湯釜は鉄製の湯釜より古い可能性を秘めている。

　法隆寺は、推古天皇一五年（六〇七）に建立され、天智天皇九年（六七〇）、火災によって焼失し、七世紀末から八世紀初頭にかけて再建されたといわれる。『日本書紀』の記述や発掘調査の結果から、落雷によって塔と金堂が焼失したのは確実である。温室などの雑舎は塔や金堂から離れているので罹災した可能性は低い。天武・持統朝に、隣接地でまず金堂から再建され始めた。再建工事は長期に及んだので、その間僧たちは焼け残った雑舎を利用し、できあがると順次移住したものと考えられる。什器類も使えるものは、そのまま使ったとみてよいであろう。湯釜も焼け残って新しくなった寺に移されたのではないか。新たに湯釜を鋳造したとすれば銅製ではなく、再建した法隆寺からやや遅れて建立した大安寺の湯釜とおなじく鉄製だったはずだからである。この推測が正しければ、この湯釜は法隆寺創建当初の製品ということになる。しかし、銅製の湯釜は、一〇〇年もの使用に耐えられるものだろうか。その当否はわからないが、いずれにしても、平城遷都以前に再建をほぼ終えていた法隆寺の銅製湯釜は、その後建立された大安寺などの釜よりも、ひと昔古いことは疑いない。

　資財帳に記された湯釜の大きさは、口径四尺五寸（約一メートル三六センチ）、深さ三尺六寸（約一メートル九センチ）であったという。この大きさの湯釜に水はどれほど入ったのであろうか。多度神宮寺や広隆寺の湯釜は二斛《こく》、安祥寺の湯釜は二斛五斗入ると記されている。一斛《こく》とは六尺立方、約一八〇リットルである。これは一二リットル入りの一般的なポリバケツ一五杯分に相当する。したがって、二斛ならばポリバケツ三〇杯分、二斛五斗といえば三八杯分にもなるのである。法隆寺の湯釜は六尺立方もないので一斛も入らないが、それでもポリバケツ一二杯分は入ることになる。

七世紀に、短冊状の板を円筒形に並べて箍《たが》で締め、底板をつけた結桶はなかった。液体を運ぶのには、檜や杉の薄板を曲げて桜の皮で綴じ合わせて底板をはめこんだ曲物《まげもの》と呼ばれる容器か、須恵器の甕を用いた。曲物には手桶のような把手はないので、両手でかかえるか、頭に載せるか、円座のようなものに乗せて紐を掛けて天秤棒の両端に吊るして運ぶ。井戸側に使用された曲物の口径は、大きいもので六〇～七〇センチで、七〇センチを超えるものはきわめて稀である。高さは原木の大きさに規定されるため、基本的には三〇センチ前後であった。中世の例ではあるが、広島県草戸千軒町遺跡の曲物を使用した井戸を調査した鈴木康之はいう(52)。

曲物の埋設された井戸は遺跡全体で六四基あり、それらに約八〇点の曲物が埋設されていた。……破損している資料もあり、とりわけ高さにおいてすべてが本来の寸法をとどめているとはいえないが、おおむね直径五〇㎝・高さ三〇㎝あたりを中心に分布していることがわかる。また、直径七〇㎝・高さ五〇㎝を超える大きさの製品は限られており、このあたりに薄板を利用する結物の構造的な限界があったものと思われる。時期ごとの寸法の平均値を求めたが時期による変動はほとんど認められなかった。

曲物で水を運ぶ女（「扇面古写経」）

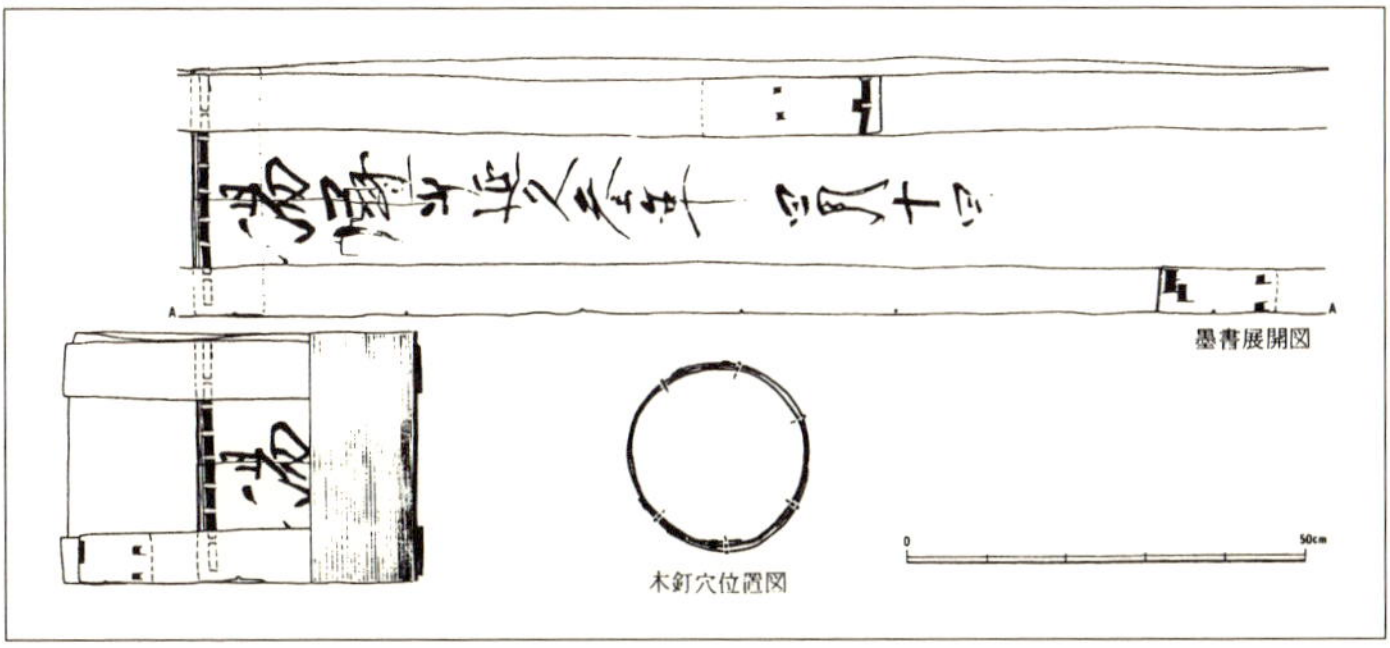


湯屋墨書曲物（平城京右京七条一坊十五坪）

中世を通じて口径や高さに変化がないということは、寸法は、それ以前からの伝統を引き継いでいるのであろう

曲物は薄板を桜の皮で綴じただけのものだが比較的密閉性はよく、液体を入れても漏れることはなかった。水桶にするときは、上下に廻しの側板をつけたり、廻しの間に縦に桟をつけて補強する。ただ、曲物には蓋がついていなかったので、頭や肩に乗せて水を運ぶと歩くたびに揺れてこぼれる。多少は意に介さないだろうが、冬などは凍えてとても耐えられなかったであろう。しかし、蓋のついた須恵器の甕で水を運ぶとなると、粘土を焼き固めた重い容れ物なので頻繁に利用できなかったであろう。曲物にしても運搬できる容量は限られていた。まして、一度に多量の水を使う湯屋に運ぶには、小型の水桶では追いつかない。できるだけ一度にたくさんの水を運ぶには、『是《ぜ》害房《がいぼう》絵巻』に描かれているように[53]、曲物を前後に吊るした天秤棒が最適だったのではないか。

平城京右京七条一坊十五坪の発掘調査の際、一一世紀後半の井戸の最下段（水溜）から、曲物が見つかった。径四四・五センチ、高さ三〇・五センチで、側板外面に「湯屋□延久参年四月十日」と記されている[54]。大きさからみて、湯屋のなかで使われたのではなく、湯屋へ水を運ぶ水桶として使われたものを転用したと思われる。寺院の湯屋で使われたものであろう。出土地の北西方向に薬師寺があるのでその湯屋かもしれない。しかし、この推測を裏付ける傍証すらなく、曲物の所有者は現時点では不明なままである。

## 水　量

それはともかく、法隆寺の湯釜では補給用も含めると、ポリバケツ一二杯以上の水を水場から運ばなければならない。境外から運ぶのは、距離を考えるとまず無理だろう。先にも述べたように、寺地を選定するにあたっては水利条件を第一に考慮されるから、温室に供給する水は境内にあったと考えてまず問題ないであろう。湧泉は聖なる閼伽井とされ、生活用水には使用できなかったが、二月堂のように湧泉が二か所あれば片方を温室に利用できた。しかし、東大寺のように山麓にある寺院は別にして、平地の寺院で湧泉を二か所以上もっているところはほとんどない。そのため風呂に必要な水は、東大寺や唐招提寺のように、湧泉にごく近い場所か地下水脈に〈井戸〉を築造して得る以外に方法はない。こうして生活用水を得る〈井戸〉がつくられるようになった。つまり井戸は風呂の水を確保するために掘られたと考えられるのである。

多くの人は、この説に対して「何を突飛なことを……」と否定的な反応を示すであろう。現代から考えると、その反応もやむをえないといえる。しかし、寺院の風呂は、平安時代以降の娯楽的・遊興的な風呂と異なり、仏像が安置され、厳しい入浴の掟が定められた聖なる修行場の性格をもっていた。平安時代以前の史料としては、施湯に関するものや、公家の入浴に関するものはみられるが、寺院における入浴の作法や掟にかかわるものはない。中世になると入浴の風習が拡がり、それにつれて掟や入浴をめぐるトラブルが史料に散見されるようになる。河内国の金剛寺に残る永正十四年（一五一七）銘の『若衆方置文写(55)』には、以下のような規則がみられる。

一、衆徒分客僧衆仁内衣可着事、自風呂出入南ヨリ
一、風呂可入時剋事、宿老分番頭衆者、四ヨリ九迄、九ツヨリ後、番頭ヨリ下可被入候、但、有テ急用、五人三人時剋相違者、可有通届也、同小風呂内雑談戸開閉出入涯分可有穏便儀可然候

入浴の際には他人の肌に触れるのを避け、裸体を人目にさらさないため、明衣《めいい》(内衣)、すなわち白布の衣(湯帷子《ゆかたびら》)を着るよう義務づけている。また、座次の高い僧から順次、時刻を決めて入浴すること、風呂での雑談は禁止、戸の開け閉めも音を立てないように静かにおこなうことなど、厳しい規律があった。こうした規律を徹底するため、湯維那《ゆいな》(湯那・浴主・知浴)と呼ばれる温室を管理する僧がいた。温室が聖なる場であったことは、温室に仏像が安置されていることや、仏の功徳として庶民に無料で入浴させる施湯があったこと、施湯をおこなった大湯屋で僧兵(堂衆)が決起集会を開いたことなどからも知られる。このように温室は寺院のなかでも特殊な場であり、風呂のために井戸をつくることも十分ありえたのではないだろうか。

温室は聖なる場であり、入浴は聖なる修行であるが、入浴に使用する水は日常生活用水となんら変わりなかった。風呂用の井戸の水は、飲料水や調理、洗濯用の水、用を足したあとに手を洗う水にも使えたということである。ここに、生活用水全般を賄う井戸が成立するのである。

構造物を有する井戸が散見されるようになるのは六世紀後半だが、その数が目にみえて増えるのは七世紀に入ってからである。そのほとんどが大和、とりわけ藤原京を中心とする周辺地域にある。こ

石敷きの井戸（板蓋宮遺跡）

の現象は、寺院の井戸が、次第に寺院以外の施設でも造られるようになったことを示している。井戸が爆発的に増加するのは、いうまでもなく平城京の時代である。平城京には多数の官人が暮らしていたが、どのような地位の官人が井戸をもっていたのかは現時点では明らかではない。この時代の溝や小川には便所が設けられていたし、塵芥や祭祀のお供えの品や牛馬の死体、さらには人間の遺体までさまざまなものが投棄されており、生活用水にとても使える状態ではなかった。このため下級官人でも井戸（共同井戸を含む）をもっていた可能性は高いように思われる。

藤原京に移る前は、政治の中心地は飛鳥地域であった。ここには推古天皇の豊浦《とゆら》宮や小墾《お》田《はりだ》宮、舒明天皇の飛鳥岡本宮、皇極天皇の飛鳥板蓋《いたぶき》宮、斉明天皇の後飛鳥岡本宮、天武

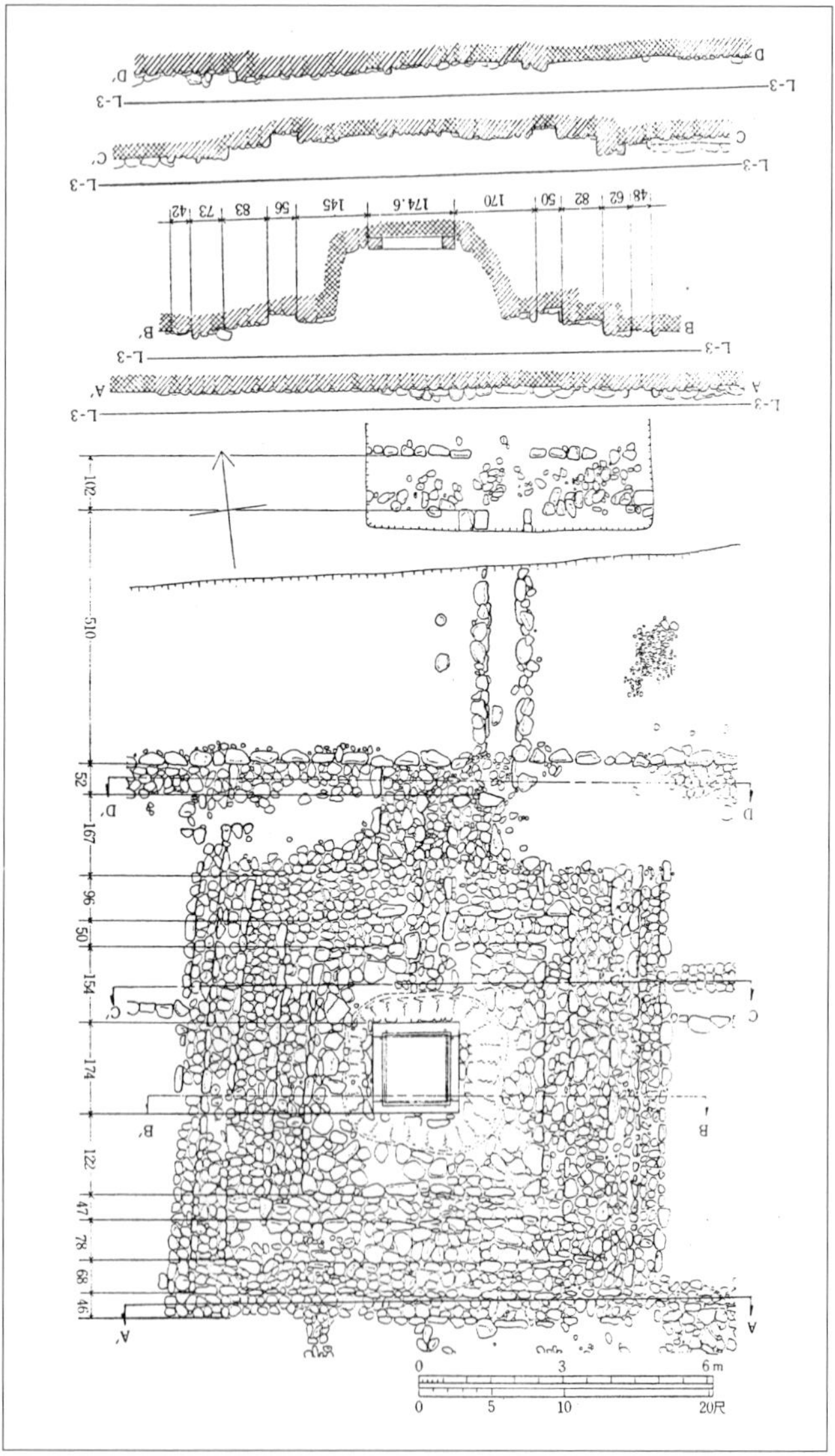

井戸跡実測図（奈良県板蓋宮遺跡）

天皇の飛鳥浄御原宮などの宮都と離宮、それらに付随する苑池、そして豊浦寺、飛鳥寺、橘寺、川原寺、大官大寺などの寺院が、所狭しと建ち並んでいた。近年、この地域の各所で発掘調査がおこなわれ、マスコミを賑わせる貴重な遺構が次々と発見されている。石を多用した建物跡や苑池遺構も見つかっているが、井戸は三か所からしか検出されていない。これは、もともと井戸の数が少なかったため、発見されていないのではないかと私は考えている。たとえば石神遺跡の三基の井戸は七世紀中葉(56)、七世紀末葉(57)、八世紀初頭(58)と、それぞれ時期を異にしており、天皇の一代ごとに一基しかつくられなかった可能性を示唆している。どの井戸も生活用水用というわけではなく、「伝飛鳥板蓋宮」遺跡の新しい時期の遺構(飛鳥浄御原宮に比定する説もある)(59)から検出された一辺一・四メートルの横板組井戸は、「飛鳥の御井」とも呼ぶべきもので(60)、カミマツリに際し、禊などに利用されたとみられる。湧泉でないので正確には御井とはいえないが、その構造・外構からみて御井に準じる井戸として差し支えないであろう。飛鳥地域ではこのような井戸が飛鳥池遺跡(61)からも検出されており、都には日常用水向けの井戸がそれほどなかった可能性が高い。

## 四　井戸は都市の文化

それでは、生活用水はどうやって得ていたのであろうか。それを解くカギは、飛鳥地域で数多く検出されている苑池遺構である。調査によると、苑池の水は多武峰《とうのみね》を水源とする飛鳥川などの小河川から木樋や石樋で引いていたようだ。寺には大量の水が必要な温室という施設があるが、宮都にはそうした施設はなく、水の使用量も限られていたから、この導水を途中で分水して生活用水に利用していたのではないだろうか。

寺院には、温室に用いる水を確保するために、井戸が構築されていたことは先に述べたが、飛鳥地域に建立されている寺院では現時点で発掘にともなって検出された井戸はない。そこで飛鳥地域の小字地名(62)を調べてみると、橘寺の西南、仏頭山《ぶっとうさん》の麓に「井戸田」と「湯屋谷」が隣り合っており、川原寺の南西隅に「鳥井戸」、北西の宮山と上山の間の谷に「井戸垣内」がみられる。

「湯」は「湧」と同じ意味で使われるから、湯屋谷は「水の湧く谷」を表わし、下流の水田に灌漑用水を供給する谷とみることもできる。飛鳥川を挟んだ対岸の岡寺の登山口に「ユヤノ谷」があり、平群《へぐり》郡三郷町に「湯屋ノ谷」という地名がいくつかみられることからも、それはうかがえる。東大寺二月堂の湯屋も、大湯屋も、二月堂の閼伽井から発する谷に位置しているが、橘寺の場合は、「湯屋谷」の向きが寺とは反対の西を向いており、湯屋の存在を裏付けるものではないだろう。また、「井戸田」の場所も、寺の背後の小さな谷の出口に位置しており、谷の水の集まる地に溜井を設置したことから名づけられたとも考えられる。ただ、「井戸田」地名が、寺域の西南端に所在することから、この地区に橘寺の井戸があった可能性も否定できない。その場合、「井戸田」の田は、場所を表わす接尾語とみる解釈と、井戸のある（あった）場所を水田にしたとする解釈の二つが考えられる。

それでは、川原寺の「井戸垣内」と「鳥井戸」はどうであろうか。垣内《かいと》とは開墾地を意味する地名で全国的にみられるが、とりわけ奈良県には多い。「井戸垣内」の地名の由来は、小さな谷の出口に位置するから、橘寺の「井戸田」と同じく、谷頭の集水地に溜井を設置して開墾したためと考えられる。「井戸垣内」と「垣内」がついているのは、明らかにしがたいが、川原寺にかかわる井戸であることを示しているのではないか。「鳥井戸」は、川原寺の中門の西約一〇〇メートルのあたりの地名である。この名前ははたして井戸を指すのだろうか、また鳥と冠したのはなぜなのだろうか。鳥井戸は谷地ではなく平坦地であるため、井戸があった可能性はある。鳥についても、よくわからない。しかも、「鳥井戸」は、伽藍の中心部に位置しており、川原寺の井戸に関わることに疑問もある。これが川原寺の井戸でないとすれば、法起寺《ほっきじ》旧境内から発見された、法起寺の前身の岡本宮の井戸（丸太刳り抜き）[63]のように、川原寺の前身である川原宮の井戸とみるべきかもしれない。

飛鳥といえば、わが国最古の仏像を安置する飛鳥寺に触れないわけにはゆかない。飛鳥寺の周囲には井戸の字を含む地名はないが、南側に「出水《いずみ》」という地名がある。出水とは読んで字のごとく、湧泉を意味する。この地から閼伽井用の湧泉と生活用水のための井戸が発掘されれば、仏教の伝来にともなって井戸はできたという私の仮説が証明されるのだが、この点は今後の発掘調査の成果を待つしかない。なお、飛鳥寺と同じく蘇我氏により創建された豊浦寺《とゆら》については、『枕草子』（一五一段）に、〈おかしき井〉のひとつとして挙げられている「桜井」という説がある。[64]豊浦寺は、一時期「桜井寺」とも称されたので、その可能性はあるが、現時点ではその確証がないので留保せざるをえない。もし、桜井が豊浦寺の井戸とすれば、その井は閼伽井とみるのが妥当であろう。

飛鳥という狭小な地では、中央集権国家が十分機能しないと考えた天武天皇は、〈藤井が原〉と呼ばれていた地に都を遷して、親王から下級官人にいたるまで、新都に宅地を割り当て集住させた。藤井が原とは、藤の古木の根元から湧く藤井と呼ばれる湧泉のある原野という意味である。この湧泉が、後に天皇のカミマツリに用いる聖なる井戸とされたことから、「藤原の御井」と呼ばれるようになった。湿地にしか生えない藤の古木があるということは、春日大社の神苑のように各所に湧泉があり[65]、あたりが湿地帯だったことを示す。藤原宮大極殿跡の周囲には、菰田、石田、西百済、東百済などの地名がみられる。菰田のコモとは、ごもく（芥・薦）が溜まったり菰が生える沼地や湿地を指す語であり、石田のイシとはイソ（磯）、水辺を指す語である。百済《くだら》という地名は朝鮮半島と関係ありそうだが、クダラはクタ・ラに分解でき、クタは腐で湿地を、ラは場所を指す接尾語とみるのがここでは妥当であろう。この他にも井や池のつく地名があり、藤原京がまさに藤の咲く湿地帯であることを示している。藤原宮の大垣の外に幅五～六メートル、深さ一・二メートルの素掘りの濠がめぐらされている。狩野久は、この外濠は「宮域防衛施設・物資運搬用運河としても機能したであろうが、宮域が飛鳥川沿いの低湿な土地であることを考えると、より重視すべきは排水機能であろう」と、低湿地を改善するためのものであったと指摘している[66]。

藤原宮や藤原京では、飛鳥地域と異なり数多くの井戸が検出されている。次の平城宮や平城京ではさらに多くの井戸が検出されるが、これは藤原京の五倍近い七四年も存続したうえ、面積も約三倍であったためであろう。このように都市から井戸が集中して見つかることは、井戸の出現と都市の成立に密接なかかわりがあることを示す。藤原京の人口は少なくとも一万人には達していたであろう。東西約二キロメートル、南北約三キロメートルという狭い範囲にこれだけの人間が居住していたとすれば、先に少し触れたように、小河川は汚染され、水を生活用水に利用することは不可能であったとみられ、人びとは、近くの湧泉に行って水を汲むか、屋敷内に井戸を造るか、共同井戸を掘ったりして水を確保したと考えられる。藤原京は湧泉が豊富であったとみられるから、下級官人や一般庶民は、経費のかかる井戸をわざわざつくるよりも、『扇面古写経』にみられる平安京の井戸のように、湧泉を利用した共同井戸を利用していた可能性が高い。

以上からわかるように、生活用水向けの井戸は六世紀後葉にまず寺院の風呂水を賄うためにつくられ、その後、官人が居住する宮都や地方官衙など人口密度の高い地域に普及していった。井戸が登場する契機は仏教伝来にともなう寺院の建立にあり、都市の成立にその発展の鍵はあったのである。井戸が都市の文化であることは、近世に入っても農村部では庄屋や富豪層など限られた家にしか井戸がなかったことからも明らかである。たとえば香川県の空港跡地遺跡の報告書は、江戸時代後半の農村部における水利用と井戸のありかたについて述べている(67)。

付近では井戸は検出されていないことから、縦横に走る用水路の水を生活水として利用していたものと考えられる。

他の掘立柱建物もほとんど十八世紀代のもので、床面積は五〇㎡以下で、ほぼ同じである。また、④と同様、井戸をもつ屋敷はほとんどなく、十八世紀代の掘立柱建物で構成される屋敷で井戸をもつのは①だけである。

……

明治二十一年の地籍図をみると長期にわたって同一場所に屋敷が存続する①の敷地は約一一〇〇㎡を測るのに対し、他の屋敷地は四〇〇〜七〇〇㎡程度であることから、ひときわ広大な屋敷地であったことがわかる。おそらく、有力者の屋敷であったものと考えられるが、この屋敷だけがこのあたりで唯一井戸をもっており、一〇〇年以上にわたって同一場所に営まれることは興味深い。

このように農村部では井戸端会議なる語が成立しないことがわかる。井戸端会議は、都市の共同井戸の存在を前提にしてはじめて意味を有するのである。

(1) 奈良県立橿原考古学研究所附属博物館『特別展　聖徳太子の時代——変革と国際化のなかで』一九九三

(2) 仏教が伝わる前にわが国で大小便のあとに手を洗ったかどうかは明らかでないが、仏教では用を足したあとに手を洗うことになっていた。

(3) 相賀徹夫編著『東大寺お水取り——二月堂修二会の記録と研究』小学館、一九八五

(4) 五来重「お水取りと民俗」『東大寺お水取り——二月堂修二会の記録と研究』小学館、一九八五

(5) 『日本古典文学大系68　日本書紀　下』岩波書店、一九八五
(6) 前掲注4、五来重
(7) 「復水」『日本国語大辞典』小学館
(8) 橋本裕之「聖なる水の湧きたつところ」『国立歴史民俗博物館研究報告』第三九集、一九九二
(9) 『新訂増補國史大系26　交替式　弘仁式　延喜式』吉川弘文館
(10) 奥野義雄『まじない習俗の文化史』岩田書院、一九九七
(11) 佐野賢治『星の信仰――妙見・虚空蔵』渓水社、一九九四
(12) 前掲注4、五来重
(13) 同前
(14) 筒井英俊編纂『東大寺要録　全』国書刊行会、一九七一
(15) 森蘊『奈良を測る』学生社、一九七一
(16) 同前
(17) 同前
(18) 奈良国立文化財研究所「唐招提寺総合調査概要」『奈良国立文化財研究所年報』一九六一
(19) 『奈良六大寺大観補訂版　第一二巻　唐招提寺一』岩波書店、二〇〇一
(20) 前掲注15、森蘊
(21) 同前
(22) 『奈良六大寺大観補訂版　第九巻　東大寺一』岩波書店、二〇〇〇
(23) 山本博『井戸の研究』綜芸舎、一九七〇
(24) 同前

(25) 山本博『神秘の水と井戸』學生社、一九七八
(26) 岡田精司「大王と井水の祭儀」『講座日本の古代信仰　第三巻　呪ないと祭り』學生社、一九八〇
(27) 前掲注5
(28) 「湧く」『日本国語大辞典』小学館
(29) 柳田國男「風呂の起源」『定本柳田國男集　第十四巻』筑摩書房、一九六三
(30) 武田勝蔵『風呂と湯の話』塙書房、一九六七
(31) 同前
(32) 史料大成刊行会編『増補史料大成18　兵範記一』臨川書店
(33) 高梨純次氏御教示
(34) 石村喜英『日本古代仏教文化史論考』山喜房佛書林、一九八七
(35) 前掲注30、武田勝蔵
(36) 同前
(37) 竹内理三編『寧楽遺文　中巻』東京堂出版、一九六二
(38) 同前
(39) 竹内理三編『平安遺文　古文書編　第一巻』東京堂出版、一九六四
(40) 前掲注37、竹内理三編
(41) 同前
(42) 同前
(43) 同前
(44) 前掲注30、武田勝蔵

(45) 前掲注34、石村喜英
(46) 前掲注30、武田勝蔵、前掲注34、石村喜英
(47) 前掲注37、竹内理三編
(48) 前掲注34、石村喜英
(49) 『大日本古文書　正倉院編年文書之5』東京大学出版会
(50) 『大日本古文書　正倉院編年文書之15』東京大学出版会
(51) 『大日本古文書　正倉院編年文書之16』東京大学出版会
(52) 鈴木康之「日本中世における桶・樽の展開――結物の出現と拡散を中心に」『考古学研究』第四八巻第四号（通巻一九二号）二〇〇二
(53) 『新修日本絵巻物全集』角川書店、一九七七
(54) 奈良市教育委員会『奈良市埋蔵文化財調査概要報告　昭和六〇年度』一九八七
(55) 東京大学史料編纂所編『大日本古文書　家わけ第七　金剛寺文書』東京大学出版会
(56) 奈良国立文化財研究所「石神遺跡第4次調査」『飛鳥・藤原宮発掘調査概報15』一九八五
(57) 奈良国立文化財研究所「石神遺跡第3次調査」『飛鳥・藤原宮発掘調査概報14』一九八四
(58) 奈良国立文化財研究所「石神遺跡第9次調査」『飛鳥・藤原宮発掘調査概報21』一九九一
(59) 千田稔『飛鳥―水の王朝』中央公論新社、二〇〇一
(60) 奈良県教育委員会『奈良県史跡名勝天然記念物調査報告　第二十六冊　飛鳥京跡一』一九七一、門脇禎二『ＮＨＫブックス127　飛鳥　その古代史と風土』日本放送出版協会、一九七〇
(61) 奈良国立文化財研究所「飛鳥池遺跡の調査　第84次」『奈良国立文化財研究所年報　1998-II』一九九八
(62) 奈良県立橿原考古学研究所『大和国条里復元図』一九八〇

(63) 奈良県立橿原考古学研究所「法起寺旧境内7次」『奈良県遺跡調査概報 第1分冊』一九九三
(64) 金子元臣『枕草子通解』明治書院、一九二九、前掲注23、山本博
(65) 前掲注15、森蘊
(66) 狩野久「藤原宮」『國史大辭典』吉川弘文館、一九九一
(67) 香川県教育委員会ほか『空港跡地遺跡発掘調査概報 平成四年度』一九九三

# 第五章　井戸の型式──むすびにかえて

## 一　各部の名称

　これまで四章にわたり、わが国における井戸の出現に焦点を合わせ、時期や特徴、そして性格などについて、日本人のカミ観念の解明といった視点から、さまざまな考察を加えてきた。しかし井戸についての考察は、いまだ入口に辿り着いたにすぎず、今日に到るその後の長い道程については、さらに論ずべき点が山積している。しかし物事の本質はその出現期に、もっとも鮮明にあらわれるから、一旦ここで論究を閉じることとし、今後の課題も含め、その後の井戸の展開を視野に収めながら、井戸の形態・型式について私なりに整理し、さらなる論究の基礎としたい。ところで一口に井戸といっても、さまざまな形態がある。様式論を重んじる考古学では、その形態を細かく型式分類している。しかし、私は、細かな型式分類にそれほど関心はないし、また、本書の読者諸氏にも、細かな型式分類は、かえって煩雑でわかりづらいと考えるので、本書では、基本的な型式分類にとどめておきたい。

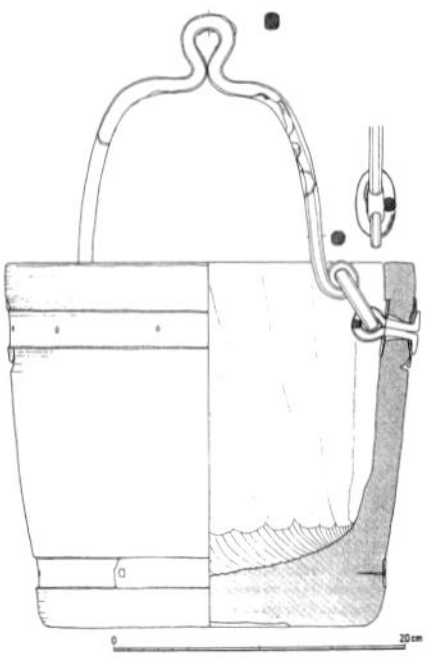


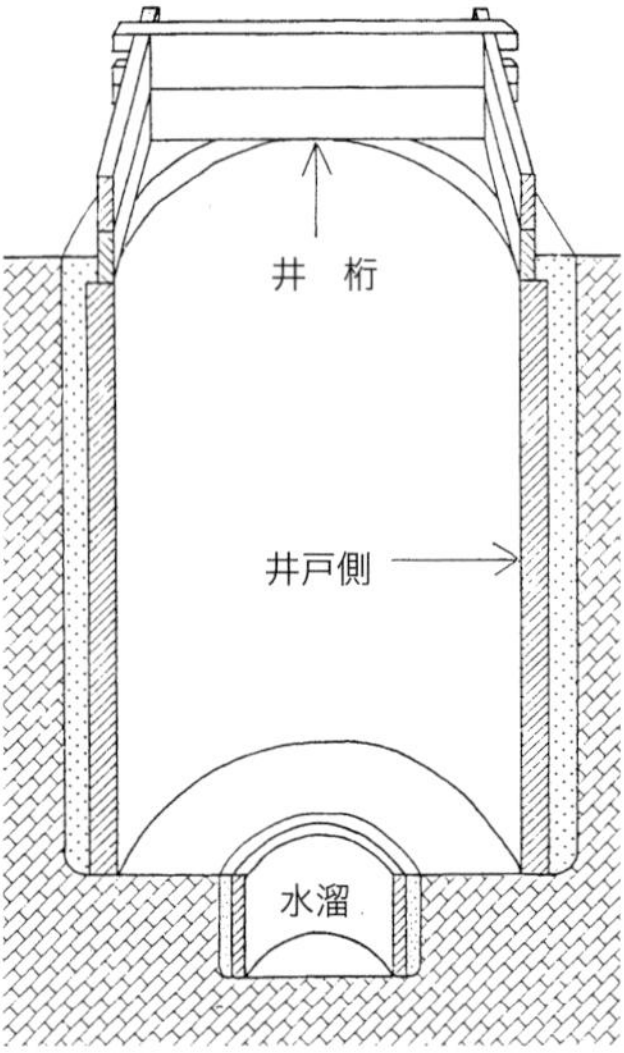


左：釣瓶復原図
（平城京左京五条二坊十四坪）
右：井戸の部分名称

井戸を構成する各部の名称について宇野隆夫は、水を汲む人の安全をはかり汚水の流入を防ぐ地上部分、井壁の崩壊を防ぐ地下部分、湧水を溜める井戸底の三か所からできているとして、それぞれ「井桁《いげた》」・「井戸側《がわ》」・「水溜《みずだめ》」と名づけた(1)。これに対して鐘方正樹は、地上部分には方形の井桁のほかに円形の井筒もあるのだから、井筒という呼び方も併用すべきだとしている(2)。一二世紀から一四世紀の絵巻物にも方形の井桁と円形の井筒が描かれており、早くから併存していたことが知られる。しかし、大半の発掘調査では、地上施設が削平されており、その実態が明らかにされることはほとんどないし、地下施設と地上施設とが同じ形態をとるとは限らないため、本書ではいわゆる掘り井戸の地上部分を「井桁」と呼ぶことにする。地下の部分は、方形井戸では井戸枠、円形の井戸では井戸側と

柄の長い柄杓が入ったまま出土した井戸（平城京右京二条三坊三坪）

呼んでいた。鐘方正樹は、古代に方形井戸が主流を占めることや、後にみる井戸側という語が使われた事情から、「井戸枠」と呼ぶように提唱している。[3] 本書では地上部分を井桁と呼ぶことにしたので、おなじく方形井戸の名称である井戸枠を使う。

宇野が「水溜」[4]と呼ぶものを鐘方は「集水施設」[5]と呼んでいるが、井戸そのものが水溜であり、集水施設であるから、いずれも不適切である。宇野は湧水を溜める部分としているが、水溜だけで生活用水をまかなうことができたのか、はなはだ疑問である。発掘された水溜の多くが、直径三〇〜四〇センチ、深さ二〇〜三〇センチと、かなり小さく浅い。こんなところに直径二八センチ・高さ二四センチとか、[6] 一辺が約二〇センチ・高さが約二一センチ[7]といった釣瓶を落として水を汲むことができたのだろうか。通常、井戸水は水溜よりも上位に滞留し、釣瓶で汲み上げて使う。仮に、水溜の水だけ使いたければ、柄の長い柄杓のようなもので少しずつ汲むしかない。すると当然ながら、底の浅い井戸でなければ手が届かない。平城京右京二条三坊三坪内では、私の想定に〈どんぴしゃり〉の井戸が発見されている。(8)

調査したSE510(奈良時代末頃に廃棄)の底からは、方形集水施設内に頭(身)を突っ込んだような状態で長い柄の柄杓が出土している。直径一五・〇cm、高さ九・二cmの曲物側面に取り付く柄の長さは八八・一cmもある。深さ約一・三mの比較的浅い井戸であり、おそらくこの柄杓で実際に水を汲んだのだろう。

井戸の使用法を考えるうえで貴重な事例といえる。柄の長い柄杓でしか溜水は汲めなかったであろう。しかし、水溜のある井戸のなかには、数はすくないが、深さが二メートルを超えるものもある。このようになんの目的で水溜を設置したのか、現時点では明らかでない。なお本書では、井戸底全体を水溜と呼ぶ。

## 二 分類

井戸には、さまざまな分類の仕方がある。たとえば宇野隆夫は材質によって大きく四つに分け、その下をさらに二〇に分類しているが[9]、鐘方正樹は造法でまず六つに分け、その下を二九に分けて、うち五つについてはさらに二～四型式に分けるという、きわめて細かい分類をおこなっている[10]。私はあまり細かな分類の必要性を認めないので、両方を参考程度にとどめたい。

### 素掘り井戸

井戸枠をもたず、ただ地面を掘っただけの井戸である。私は、弥生時代や古墳時代の素掘り井戸はいわゆる井戸ではなく、カミマツリにかかわる穴と述べた。しかし、生活用水のための井戸がつくられる七世紀以降も、素掘り井戸の遺構が検出されている。

素掘り井戸では、降雨による壁の崩壊や、水の湧出と滞留にともなう壁の浸食と崩壊が最大の問題である。したがって地質がよく井壁が崩壊しない土地では、素掘りでも十分井戸の機能を果たす。「東日本で確認される井戸跡は……実数・頻度ともに、圧倒的に素掘り井戸を主体としている[11]」のは、関東ローム層という浸食作用に比較的強い地盤を持つためである。

関東地方には、井壁に〈足掛け穴〉と呼ばれる掘り込みがあるもの[12]、〈螺井（まいまいずい）〉とか〈七曲井《ななまがりい》〉と呼ばれる螺旋状の通路をぐるぐる廻ったり、屈曲した傾斜の急な通路を降りて井桁や水溜に達するものなど、特徴ある素掘り井戸がある[13]。足掛け穴は円筒状の井壁の対角線上に段違いに穿《うが》たれており、直径は一メートル前後、深さは三・五メートル以上である[14]。時期の明確なものは少ないが、中世から近世にかけて開鑿されたと考えられている。穴の目的としては、開鑿作業用の階段とす

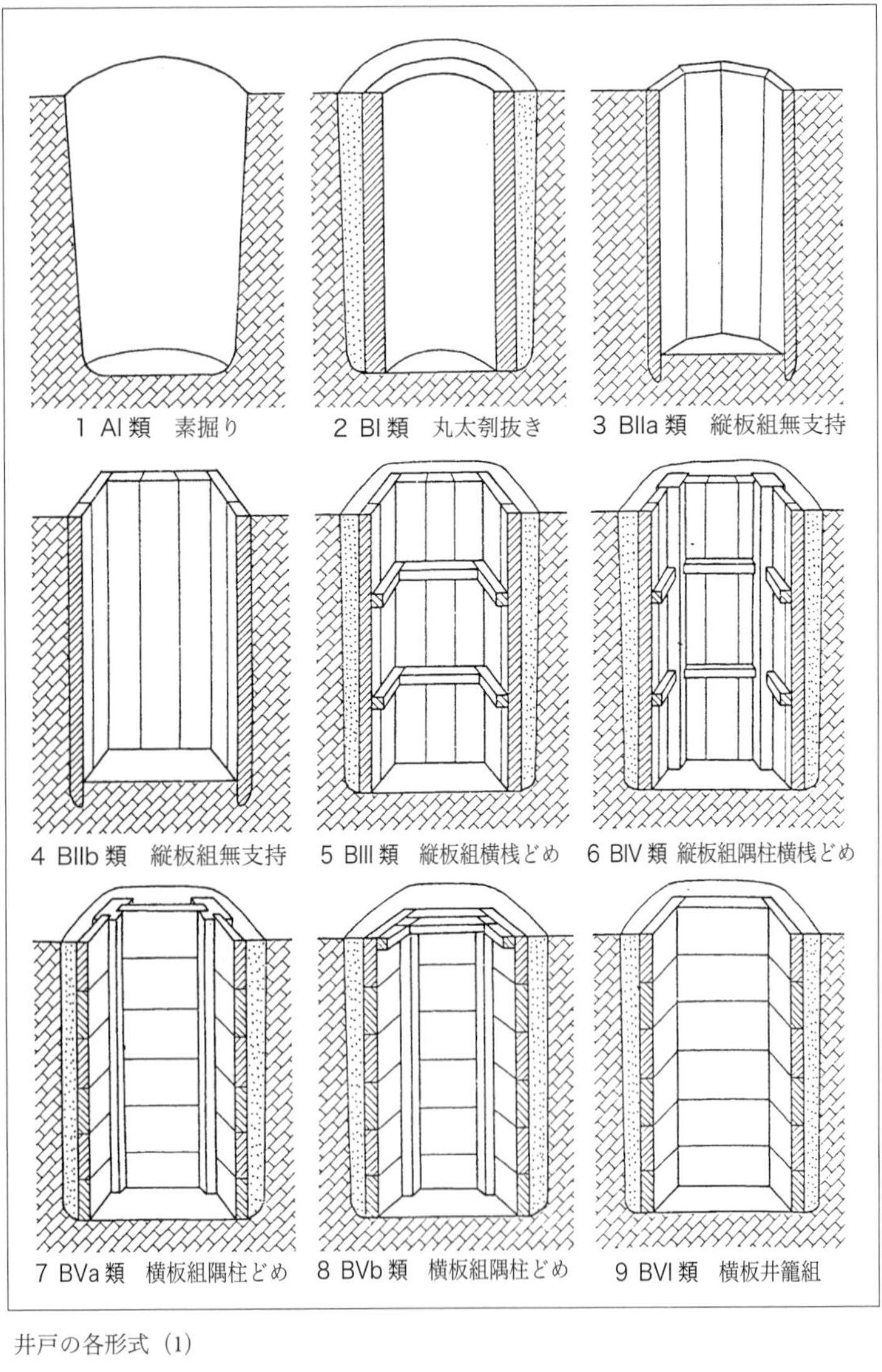
1 AI 類　素掘り
2 BI 類　丸太刳抜き
3 BIIa 類　縦板組無支持
4 BIIb 類　縦板組無支持
5 BIII 類　縦板組横桟どめ
6 BIV 類 縦板組隅柱横桟どめ
7 BVa 類　横板組隅柱どめ
8 BVb 類　横板組隅柱どめ
9 BVI 類　横板井籠組

井戸の各形式（1）

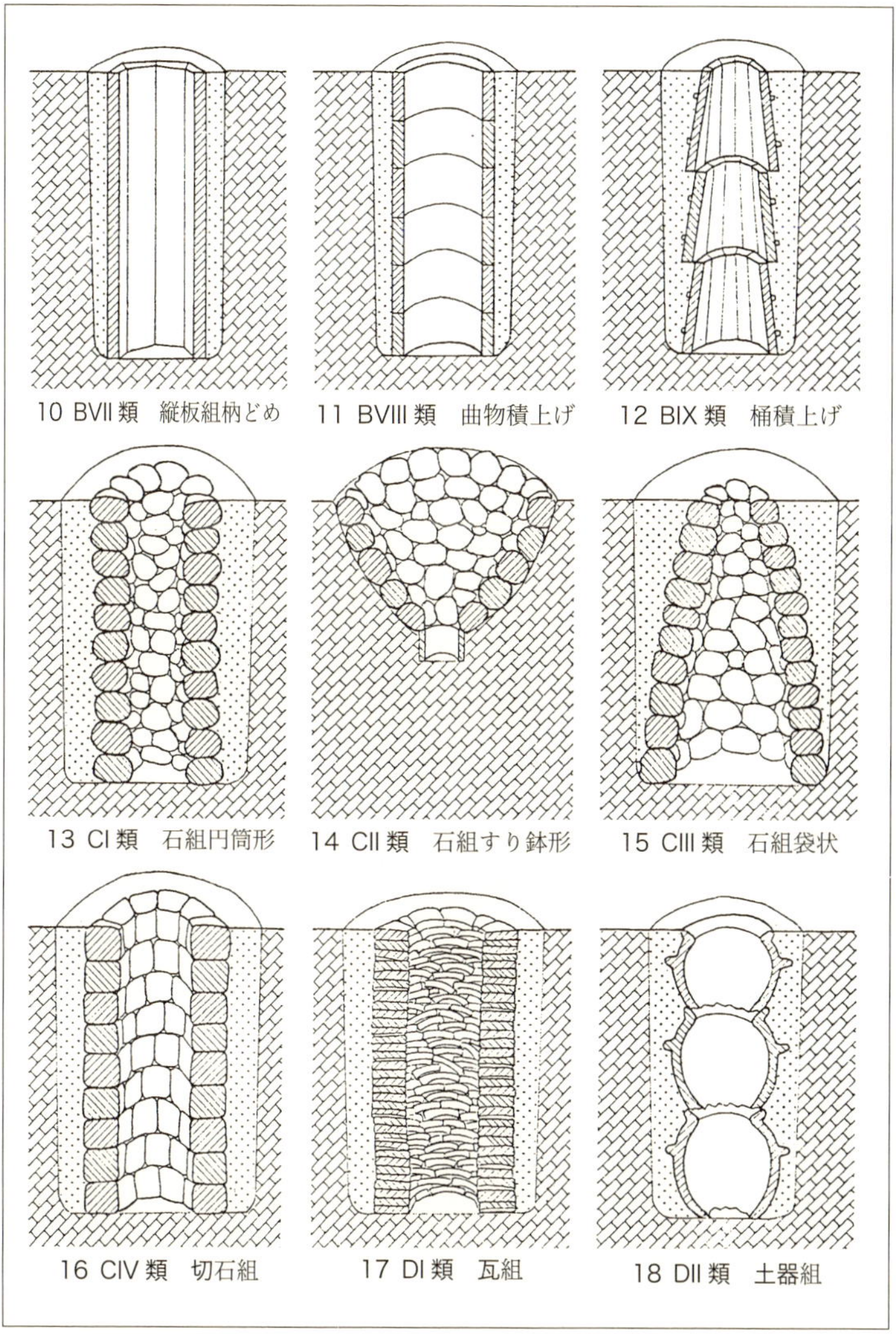
10 BVII類　縦板組柄どめ
11 BVIII類　曲物積上げ
12 BIX類　桶積上げ
13 CI類　石組円筒形
14 CII類　石組すり鉢形
15 CIII類　石組袋状
16 CIV類　切石組
17 DI類　瓦組
18 DII類　土器組

井戸の各形式 (2)

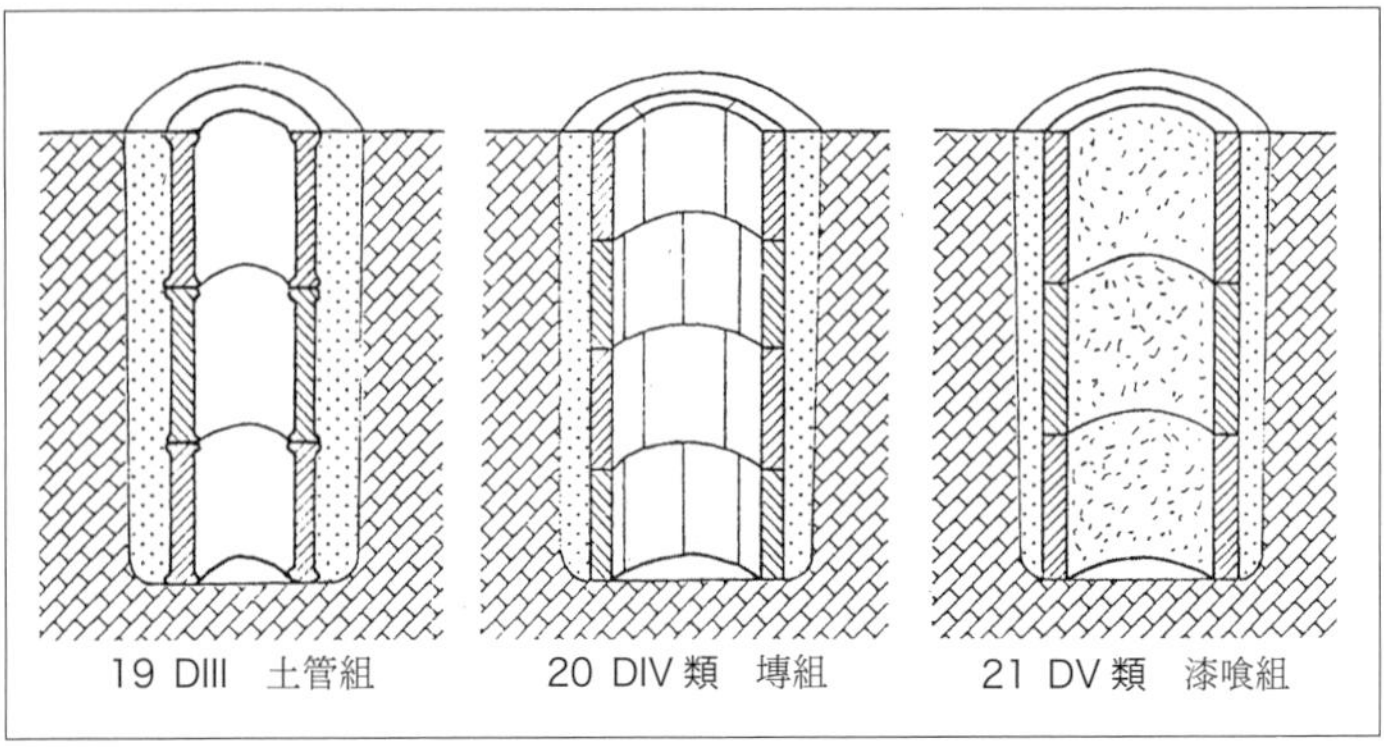


井戸の各形式（3）

る説と、井戸浚えのために底に降りる階段とする説がある。私は、井戸内から遺物がほとんど出土しないことから、開鑿に際して作ったものを竣工後、井戸浚えのために使用したと推測している。

〈まいまいずい〉と呼ばれる螺井もいくつかの型式に分けられる。東京都羽村市の五ノ神熊野社の螺井は、地下水面まで一二メートルにも及ぶ、きわめて深い井戸である。

> 井戸の口は矩形で各辺は一六・五米及び一四・三米もあり、擂鉢の斜面は三〇度で、地下四米の所に方七米の底面があり、そこまで螺旋状の小径で降りられるやうになっている。この中央に深さ八・三米（昭和十五年三月十五日、水面迄七・五米）の玉砂利で囲まれた釣瓶井戸がある。蓋し崩れ易い砂礫層を鉛直に掘るのに苦しみ大きく窪地を作ったのであろう。全体の深さは一二・三米で近頃出来た近くの釣瓶井戸の深さ（一二・三米）と一致する。(15)

井戸枠の型式一覧

- 貼付式
  - 草茎類貼付式
- 打込式
  - 矢板型
  - 縦板型
- 挿入式
  - 円形丸太刳抜型
    - A 類（一木刳抜き）
    - B 類（丸太分割刳抜き）
    - C 類（桶状木製品）
  - 円形縦板組型
  - 円形縦角材組型
  - 方形縦板組型
    - 無支持型
    - 太枘留型
    - 横桟留型
    - 釘留型
  - 編物型
  - 陶製井筒型
- 組立式
  - 円形縦板組型
  - 方形縦板組型
    - A 類（厚板横桟留型）
    - B 類（薄板横桟留型）
    - C 類（厚板・薄板併用横桟留型）
      - 1 類（隅柱＋横桟）
      - 2 類（横桟＋支柱）
      - 3 類（横桟のみ）
  - 長辺横板短辺縦板組型
  - 横板組杭留型
  - 横板組隅柱型
  - 竹組型
- 積上式
  - 桶状木製品組型
  - 丸太組型
    - 相欠き仕口型
    - 杭留型
  - 横板組型
    - 相欠き仕口型
    - 杭留型
  - 曲物組型
  - 結桶組型
  - 編物組型
  - 瓦組型
  - 磚組型
  - 土器・埴輪組型
  - 陶質枠組型
  - 切石組型
- 乱積式
  - 石組型
  - 瓦片組型
  - 土器片組型

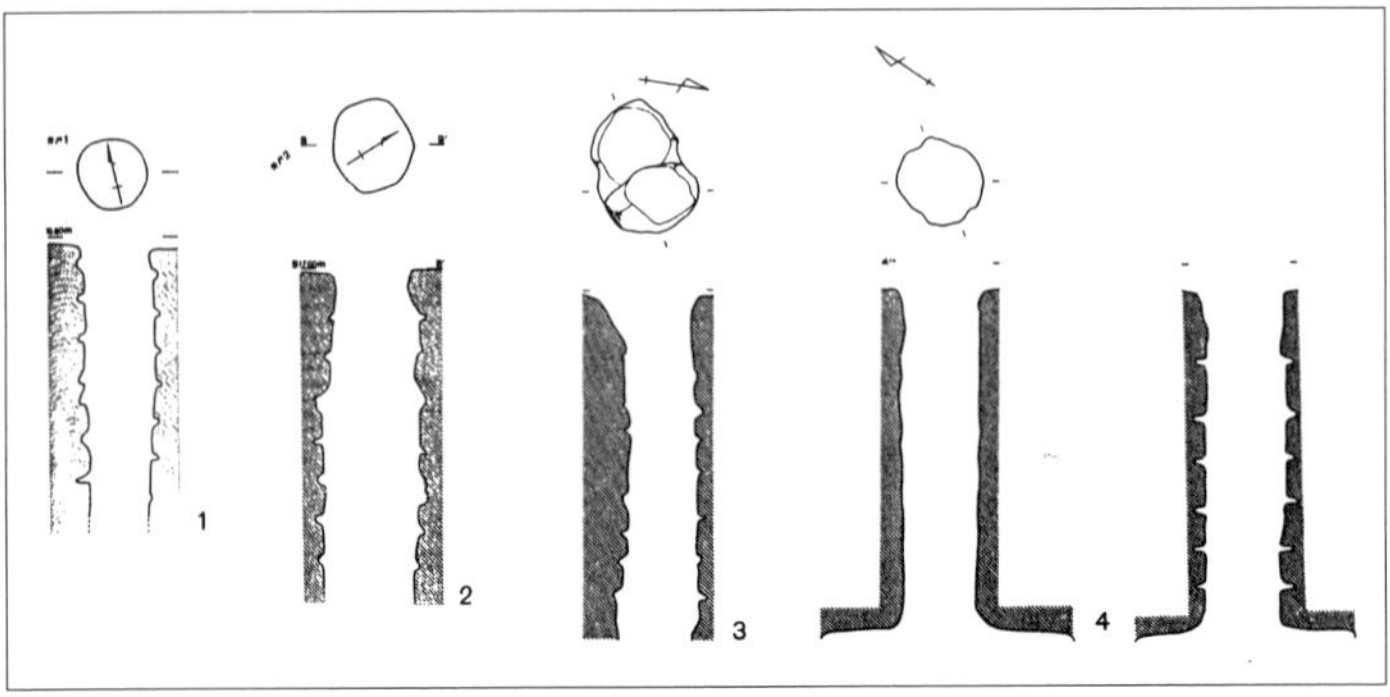

足掛け穴のある井戸（1・2＝猿貝北遺跡1号・2号井戸跡，3・4＝城山遺跡7号・4号井戸跡）

この井戸の開鑿年代は明らかでないが、構造からみて近世以降のものと考えられている。

平安時代まで遡るとされる螺井が、埼玉県狭山市の七曲井である。この井戸は、短径が約九メートル、長径が約一三メートルの隅丸の菱形をしており、地表面から水溜の木枠上端までは一〇・五メートルある。水溜部は、径約三メートルで、松の丸太材を用いて一・〇五×一・三〇メートルの枠を組んでいる。深さは約一メートルと推定される。水溜には、S字状の小径を左右に曲がりながら降りる。傾斜は上で緩く、下位では急となるが、おおむね四五度前後である。螺井は狭山市周辺に集中してみられる。この地域では地表から一メートル前後掘ると崩れやすい砂礫層となっており、井壁を黒色土と数センチ大の平石を混ぜて衝き固め、崩壊を防いでいる。出土した遺物などから、平安時代に開鑿され、その後何度も改修されて現在のような規模になったとみられている。[16] 熊野社の井戸とおなじく、水溜にはS字状の道がついており、螺旋状に降りる構造にはなっていない。また、豊臣秀吉の小田原攻めの拠点になった石垣山一夜城の螺井(17)でも、S字状の道になっている。管見の限りでは、螺旋状の小径がある井戸はない。おそらく、崩落を防ぐためにテラスや石垣などを螺旋状に配したものをカタツムリに見立て、マイマイズイと呼んだと考えられる。「七曲井」のほうがより螺井の実体を表わしているため、今後はこの種の井戸を七曲井と呼ぶことにする。

火山灰や火山礫などでできたローム層と異なり、砂礫や粘質土からなる沖積層の近畿地方では、素掘り井戸はどのようになっているのであろうか。七～八世紀の代表的な遺跡である藤原京（宮）と、平城京（宮）についてみる。藤原京（宮）内で検出された七～八世紀代の井戸は四十数基、うち素掘り井戸は十数基である。径が二メートルを超える「井戸」が四つあるが、それを差し引いても四分の一近くが素掘り井戸となる。おそらく藤原京時代には板材で井戸枠をつくる技術をもった工人の数が少なかったことと、板材の入手が困難であったため、低湿地という藤原京の地質条件を生かして素掘り井戸を開鑿したので、この差が生じたのではないかと思われる。一方、平城京出土の井戸を集成・整理した篠原豊一は、「素掘り井戸　土留めの井壁を設けない井戸で、平城京内でこれまでに四基検出されている。いずれも掘形の大きさが一・七m以下の円形か方形の井戸

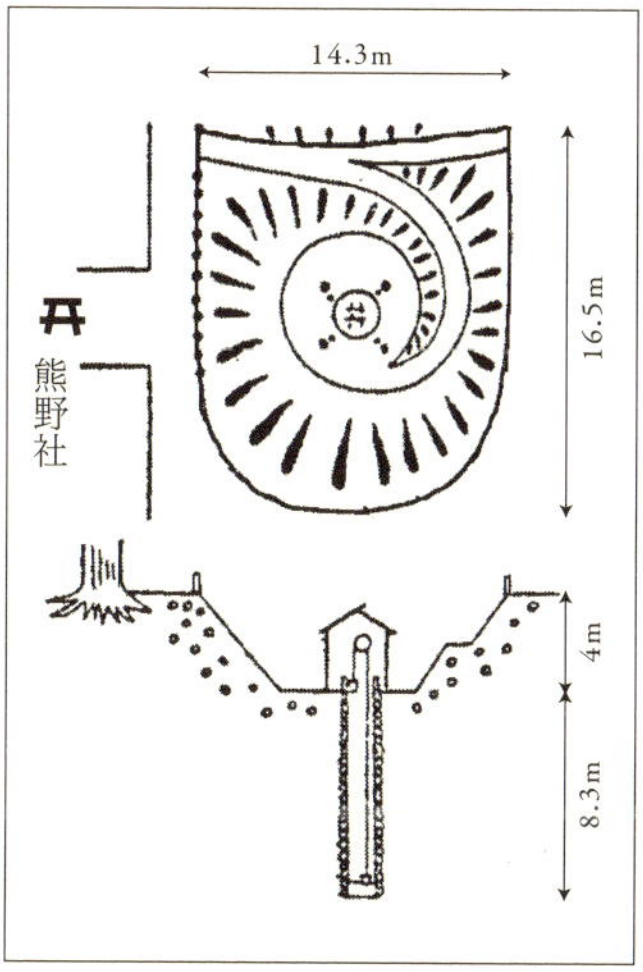

螺井の平面図と断面図（東京都羽村市五ノ神熊野神社）

である。検出例が少ないことから井戸の試掘坑か、仮設の井戸の可能性が高いと考えられる」[18]と、その絶対数が少ない旨指摘している。私の見るかぎり、平城京内で素掘りの井戸とされる遺構は二か所しかなく、そのうちの一つは径が三メートルにも達しているため、先にも述べたように井戸の可能性は少ない。近畿地方では、七〜八世紀以降、素掘り井戸が激減するといっても過言ではない。

## 丸太刳り抜き井戸

井戸枠の材料としてもっともポピュラーなのは木材である。木材を用いた井戸は、丸太を刳り抜いた「丸太刳り抜き」、板材を縦方向に組み合わせた「縦板組」、板材を横方向に組み合わせた「横板組」、木材を薄く剥いで円筒形にかたどった曲物を積み上げた「曲物組」、小割りにした板材を縦に組み合わせた円筒形の桶を積み上げた「桶組」の五種類に分けられる。

丸太刳り抜き井戸は、弥生時代中期にはすでにあり、井戸枠のある井戸としてはもっとも早期に登場した。奈良県唐古・鍵遺跡で出土した弥生時代中期前葉のものが最古とされる。一方、大きさでは、大阪府池上曾根遺跡で出土した内径一・八〜一・九メートル、外径二・一〜二・二メートルのものが最大とされる。外径が二メートルを超す丸太刳り抜き井戸は平城宮にもなく、その巨大さには改めて驚かされる。また、時代はやや下るが、法起寺《ほっきじ》旧境内からは現存長約六・八メートルもある井戸が出土した。内径は約〇・九メートル×〇・五メートル、外径は約一・三メートル×〇・八メートルの楕円形をしているが、これは土圧によって変形したためで、本来は正円形に近かったようだ。もとは内

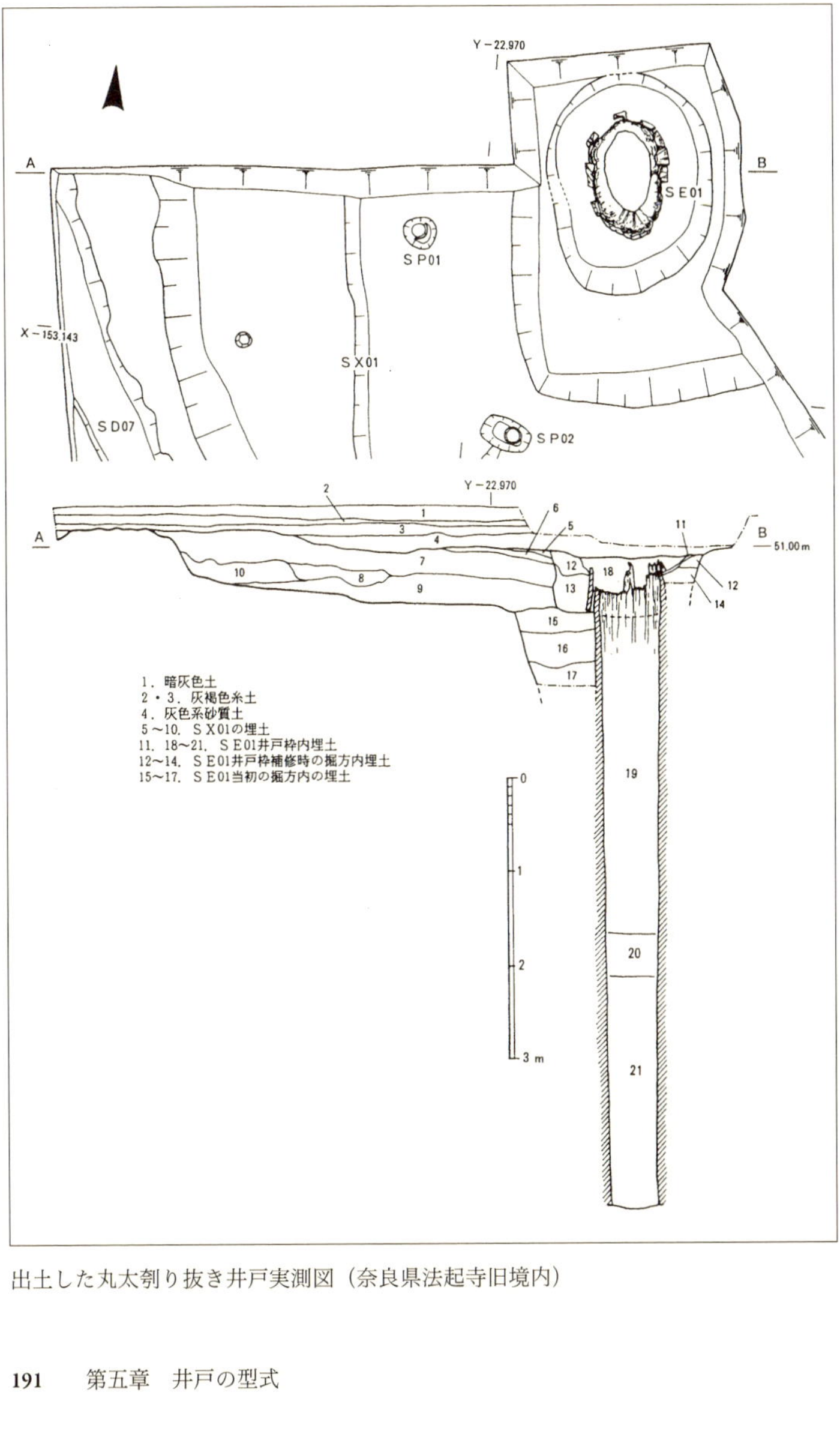


出土した丸太刳り抜き井戸実測図（奈良県法起寺旧境内）

径が約七〇センチ、外径が約一・二メートルだったと推定される。[19]七〇センチといえば、大人一人がやっと入れるほどの大きさである。その穴を黙々と七メートル近くも刳り続けた職人に対して、私は深く敬意を払うものである。

丸太刳り抜き井戸には、文字通り丸太を刳り抜いたタイプのほかに、丸太を半分や四分の一に割って刳り抜き、設置する際一本に組み合わせたタイプ、別々の丸太刳り抜き材を組み合わせたものもみられる。また、切断した丸木舟を井戸枠にした事例もある。厳密にいえば違うかもしれないが、これも丸太刳り抜き井戸に分類されている。丸木舟の事例まで含めると、丸太刳り抜き井戸は一三世紀頃まで造り続けられるようである。検出例のもっとも多い地域は、いうまでもなく近畿地方で、次いで東海・北陸、中国、そして関東・九州と続く。現時点で検出されていないのは東北・四国である。今後の発掘調査によって検出例が増えても、この傾向に変わりはないであろう。

### 板組井戸

現代の私たちは、どのような形態・寸法の木材も、簡単に入手することができる。しかし、限られた木工具しかなかった時代に、板材や角材を手に入れるのは容易でなかった。板材を得るには、まず割裂性のよいヒノキやスギの大木を切り出さねばならなかった。古墳時代から横挽き鋸はあったが、その形態から、立木を切るのではなく、小さな材を切断・加工するものであったと考えられている。[20]立木を切り倒したり切断するのは、縄文時代よりずっと斧（横斧）であった。原木を一定の長さに切ると、縦挽き鋸がなかったため、楔形工具（斧・鉇・堅木の楔《くさび》）を打ち込んで割った。[21] これが板の原材で、それをさらに手斧《ちょうな》（縦斧）で表面を削って整形すると板材になる。だが幅が広く、長くて厚さの均一な板材は、この方法では大量に生産することができなかった。よほど筋のよい原木でないと、楔で割ると、先端と末端で厚さに差が生じるためである。縦板組にしろ、横板組にしろ、板材を用いた井戸には、扉や床板などを転用したものが多数みられるが、これは板材が貴重品であったためと考えられる。また、発掘調査では、井戸枠の板材を抜いた痕跡がわかる井戸もしばしば検出されるがこれも基本的には板材が貴重品であったためではないだろうか。

板材を縦に使った縦板組井戸は、七世紀から一五世紀にかけてもっとも一般的な型式だった。宇野隆夫は、①板材を縦方向に組んで井壁を保護するが、板材を支える施設のない縦板組無支持井戸、②板材を縦方向に組み、横桟で支える縦板組横桟どめ井戸、③板材を縦方向に組み、四隅の柱にとりつけた横桟で支える縦板組隅柱横桟どめ井戸、④板材を縦方向に組み、枘《ほぞ》で支える縦板組枘どめ井戸に分けている。[22] これに対して鐘方正樹は、板材の厚さ・幅の組み合わせから、①幅が広く厚みのある縦板のみを使用し、横桟で支持する厚板横桟留型、②幅が狭く厚さ一センチ前後の薄い縦板のみを使用し、横桟で支持する薄板横桟留型、③厚板と薄板の二種類を用い、横桟で支持する厚板・薄板併用横桟留型に大別し、横桟を支える方法の違いからさらに細分している。板材の厚さや幅で井戸を分類するという方法は、木工技術と道具の発達まで視野に入れている点で、きわめて歴史的で興味深い。井戸の板材に使われる厚板は、塀や壁板に用いる端板「長さ八尺＝約二・四メートル、幅一尺八寸＝約

二人使い縦挽製材鋸

前挽き大鋸

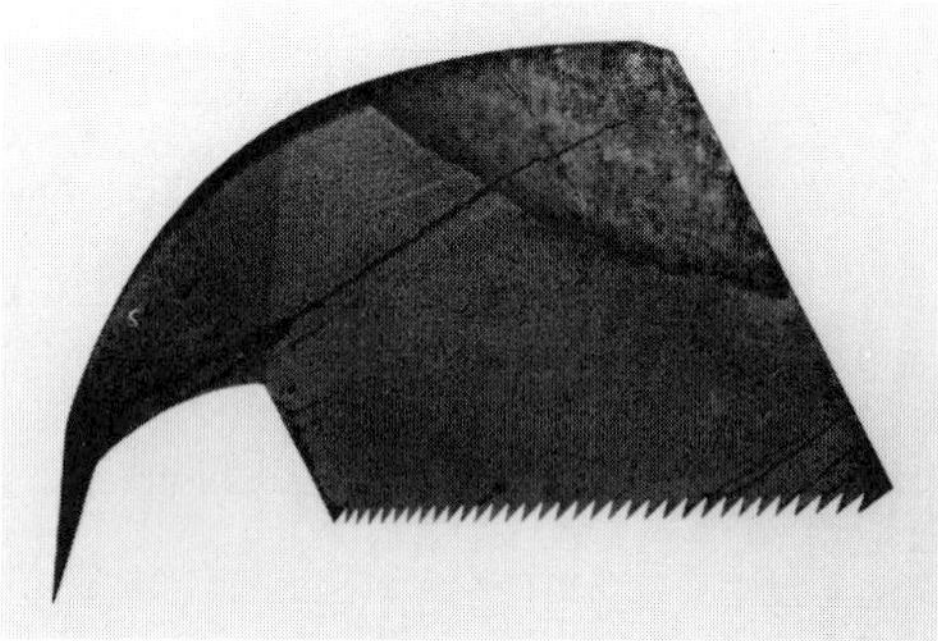

五四センチ、厚さ一寸半＝約四・五センチ」のもの[23]や、床板を適宜加工して利用したものと思われる。これに対して薄板には屋根葺き材の榑《くれ》を利用したとされる。榑とは薄板のことで、割裂性に優れたスギやヒノキを原材にして製材される。長さ一二尺（約三・六メートル）・幅六寸（約一八センチ）・厚さ四寸（約一二センチ）であるから[24]、薄板とは言いがたい。端板も榑も規格品であるから、これは杣《そま》で製材された時の寸法と考えてよいだろう。そしていつの頃からか、榑を厚さ一センチ前後の薄板に割って売買するようになった。厚さ数ミリの板材は、一三世紀初頭に中国から二人挽き大鋸[25]を導入して生産が始

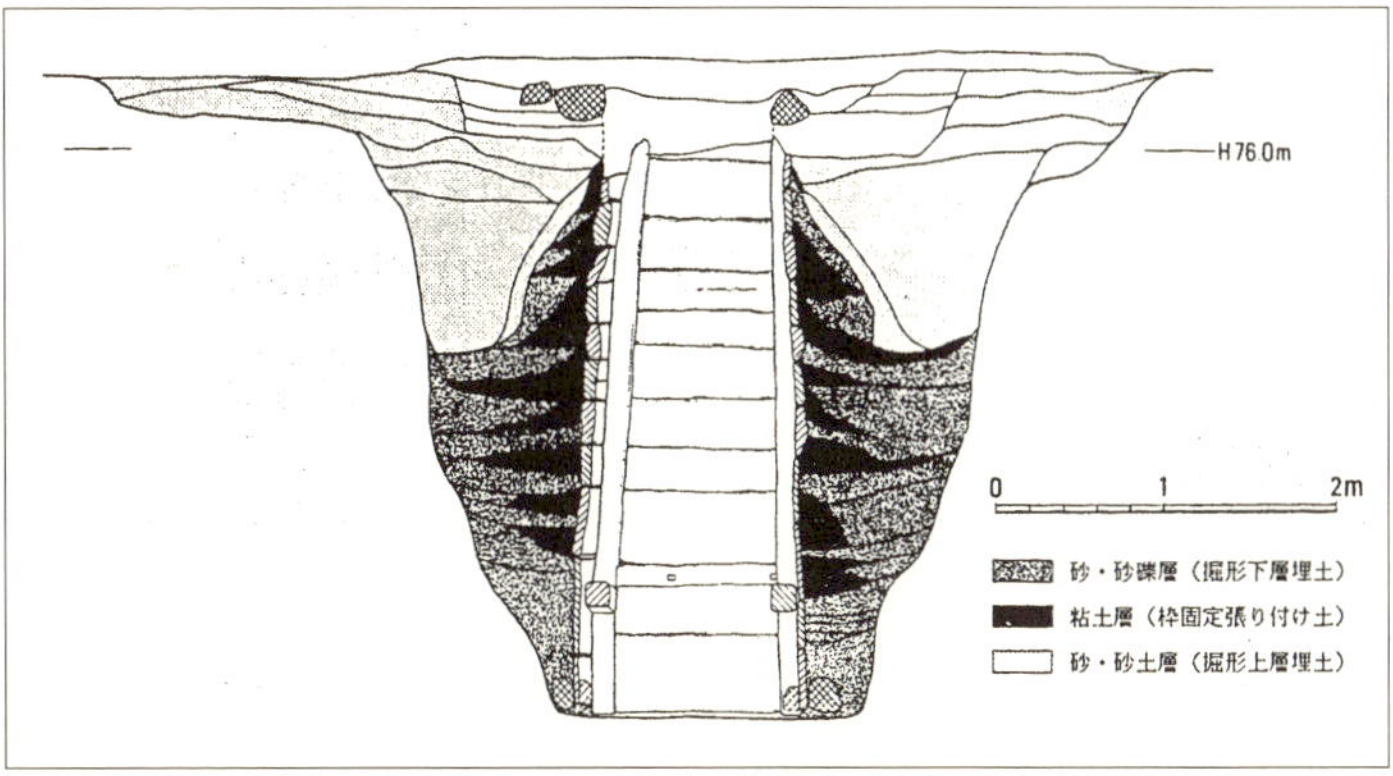


横板組隅柱どめ井戸断面図

横板組隅柱どめ井戸（藤原宮）

まり、わが国で「前挽き大鋸」という縦挽き大鋸が発明され普及してから本格的に生産するようになったのである。[26] しかし、一四世紀には石組井戸や桶組井戸が主流で、薄板を使用した井戸は築造されなかった。

横板組井戸は、板材を横方向に積み上げてつくる。宇野は、①隅柱で支える横板組隅柱どめ井戸、②仕口を枘《ほぞ》組にして保持する横板井籠《せいろう》組井戸の二種類に分けているが、[27] 鐘方は、③四隅を相欠き組にして積み上げる横板組相欠き仕口型を加えている。[28] 横板組井戸のうち、とくに注目されるのは井籠組井戸である。井籠組には、各段の横板を枘組結合のみで構築しているものと、上下の段を太枘で留めてより強固な構造にしたものがある。そのいずれにしても、板材の長さ・幅・厚さがすべておなじでなければならず、高度な製材技術が必要であった。とりわけ太枘を用いる場合は、上下の横板の同じ位置に穴をあけなければならないので、より高度な木工技術が必要となる。①の隅柱型と③の相欠き仕口型では内法が一メートルを超えるものはほとんどないが、井籠組井戸は材料の品質が高く、構築技術も高度であるだけに、内法が一メートルを超えるものが多い。平城宮内では検出された奈良時代の四十数基のうち二〇基あまりが井籠組で、[29] 東西辺五・四メートル・南北辺三・〇メートルという巨大な造酒司の井戸をはじめ、そのすべてが内法一メートルを超す。しかも、この井籠組井戸は、宮の中枢部やそれに準ずる地域に多く、宮の中枢部から離れた地域には少ないという。[30] 京内から出土した井戸は一〇〇基以上だが、内法一・二メートルを超える大型の井戸十数基はすべて井籠組である。これらの井戸は貴族・官人の邸宅といわれる一町以上の宅地から検出されており、[31] 井籠組が特別な位置

横板井籠組井戸（平城京左京三条四坊七坪）

づけにあったことを示す。黒崎直は以下のように、役所の格式によって井戸の構造や規模が異なる可能性に言及している(32)。

井籠組の井戸の存否が宮内にあっては役所の格式に、京内にあってはそこに住まう人の官位などにそれぞれ左右されていたのではないかという予測がでてくる。もし、この予測が成り立つならば、発掘された遺構の性格を復元する上で、一つの新しい材料を提供することになる。さらにもう一歩進めると、井籠組の井戸にみられた規模の差そのものが、役所の格式を反映しているのではないかという推測も生じてくる。

たしかに、大型の井籠組井戸は邸宅跡地から検出される。しかし、これだけで、大型の井籠組井戸が井戸のなかでもっとも高い格式をもっていたかどうかは別問題だと私は考えている。井籠組井戸には内法が一・二メートル以下のものも多いこと、宮内や京内には大膳職や造酒司という水需要の多い役所や大家族が暮らす邸宅がたくさんあり、実用的な面から大型のものが造された可能性もあること、そもそも井戸に格式が存在していたかどうかが疑問であることなどである。

鐘方が「木組井戸が平面的に大型化する場合、刳り抜き材では素材に限界があるし、縦板組型では構造的に弱くなって不向きである。横板組型が大型化に対応したのは構造的にみて必然の結果だろう」と述べているように[33]、各段を太枘で固定する横板井籠組が内法一・二メートル以上の大型井戸にはもっとも適していた。しかし、長さ、幅、厚さの均一な板材を調達し、高度な技術をもつ職人を確保するには経済力と権力が必要であった。そうした力をもっているのは役所のなかでも中枢の、しかも水需要の多い部門である。また、井籠組井戸がある宅地も、一部の特権階級のものに限られていた。このように大型の井籠組井戸が一部の役所や特権階級に集中するのは、特別な格式が付与されていたからではなく、こうした人々が経済力と権力を持ち、水需要も多かったためと私は考える。

藤原京では井籠組井戸は検出されておらず、横板組、なかでも相欠き仕口横板組が多いようである。最大の井戸は隅柱横板組であることや、方四町という大きな敷地を持つ邸宅に付属する井戸が、内径五〇センチの縦板組であることなどから、黒崎直は「藤原宮の時代では、井戸枠の形式や内法寸法などによって格差を付けようとする発想は、未熟であったのだろう」と、平城京以前は井戸に格式をもたせることはなかったとしている[34]。井籠組井戸は、平城京以外では、管見によれば長岡京で二基[35]、平

横板組井戸（藤原宮）

安宮で一基[36]が検出されているだけである。

藤原宮では、役所内に配置された建物一棟ないし二～三棟毎に井戸が伴っていた。それも内法八〇㎝程で、井戸枠に形式もさまざまなものが採用されていた。必要な場所に、適当な材で、適度な大きさのものを設けるのが、藤原宮の井戸の在り方ではなかったか。これに対し、パレススタイルとも呼べる「井籠横板組」井戸の盛行、官位に相当する内法寸法のランク分けなど、統一と規制と不必要とも思える大型化が平城宮の井戸の在り方であったようだ。藤原宮から平城宮へと成熟の度を増す律令国家の展開につれ、宮内の井戸も実用的な存在からしだいに乖離し、格式の世界へと迷い込んで行ったようである。

黒崎はこのように述べている。(37) しかし、律令体制の成熟が井戸の格式を生んだ理由を示してないし、宮内の井戸は実用的でなくなっていったというが、鐘方も述べているように、井籠組は大型井戸をつくるために開発された工法であるから、水需要の多い役所や高位・高官の邸宅にできたのは当然である。黒崎直もいう。(38)

前記五基の井戸を伴う官衙は、建物遺構の状況やその変遷、あるいは出土木簡などの検討からそれぞれ大膳職と造酒司に比定された官衙地区である。この成果からすると、いずれの場合も調理あるいは酒造など大量の水を使用する点に特徴ある官衙ということができる。

また、平安宮で発掘された一辺が二・一メートルの井籠組井戸も、「内酒殿」という酒造りを担う役所のものといわれる。(39) このような事実から、井籠組井戸はあくまでも実用的な目的でつくられたとみるのが妥当である。

それではなぜ平城遷都後、水需要が増大したのであろうか。それは、律令国家が最盛期を迎えて酒宴の機会が増えたことと、役所に中・下級官人が大幅に増えたこと、貴族・高級官人の邸宅でも大勢の使用人を抱え、各種の催事・行事が頻繁におこなわれるようになったことと無縁ではないだろう。

八角形井戸（平城京左京四条二坊一坪）

これに対して、長岡京や平安京で井籠組井戸の検出例が少ないのは、役所が縮小され官人が大幅に減ったこと、建材や技術者の確保が困難になったことが要因と思われる。権威や格式は時代によって変化するものだが、平城京時代だけ格式があったというのは、歴史の継続性からみてきわめて不自然といわねばならない。しかも、井戸は人目に触れる〈晴《ハレ》〉の場の構造物ではなく、普段はめだたない〈褻《ケ》〉の場の構造物となれば、なおさらその感が強い。

　縦板組も横板組も基本形は方形だが、円形や多角形の井戸も検出されている。多角形井戸は、古代のものでは橿原遺跡から検出された六角形井戸[40]、平城京左京四条二坊一坪から検出された八角形井戸[41]などごく少数だが、中世になると京都左京八条三坊二町で八角形井戸(42)、鎌倉今小路西遺跡で六角形井戸(43)、大阪市喜連《きれ》東遺跡で墳墓堂とともに八角形井戸(44)、神戸市淡河《おうご》萩原遺跡で六角形井戸(45)、京都左京三条四坊四町から十一角形井戸(46)、広島県草戸千軒町遺跡では六角形から十二角形まで幾種類も検出されるというように(47)、その数が増大する。理由は明らかでないが、古代の多角形井戸は横板組で、中世のは縦板組という構造の違いを考えると(48)、縦板組のほうがつくりやすかったせいかもしれない。古代と中世の井戸を同列に並べることはできないかもしれないが、古代には古墳や建造物のように、道教や仏教思想、あるいは祭祀的な意味を多角形にこめて井戸を建造した可能性は十分ありえる。

すると、中世ではどうだろうか。草戸千軒町遺跡を中心に西日本の中世井戸を考察した岩本正二は、次のように結論する(49)。

多角形井戸は、京都の町屋に代表されるように中世でも繁栄した町の住民が使用した井戸であり、貴族や武家屋敷の非日常性のある井戸としても存在している。草戸千軒の多角形井戸は財力のある商人や職人層の屋敷地にある井戸と推定できるが、そうであるならば京都の町屋にある多角形井戸も土倉をはじめとする町の富裕層に関連している可能性は高い。多角形井戸は、町屋の繁栄とその財力を象徴していると言えよう。

とりたてて異議はないが、財力だけが要因ではないのではないか。中世社会では、陰陽道という呪

多角形井戸（広島県草戸千軒町遺跡）

術的な思想が生活のすみずみまで支配していたため、なんらかの意味をこめて多角形井戸がつくられた可能性も否定しえない。経済力や権力といった世俗的な面だけでなく、思想的な面も重視すべきであろう。

**曲物組井戸**

円形縦板組井戸には縦板を太枘で留めるものと、底面に曲物を据えてその外周に縦板をめぐらせ、上部に底面よりもやや大きめの曲物を内側にあてて補強したり箍《たが》状の工作物を内側にあてて補強したものなどがある。円形縦板組が少ないのは、縦板と縦板を合わせて円形にする技術が難しかったのと、均一な板材が入手しづらかったためと考えられる。七〜一一世紀の井戸は、丸太刳り抜き井戸や縦板組井戸が大半で、他にごく少数の石組井戸や塼《せん》組井戸・曲物井戸がみられるにすぎない。

ところが、一〇世紀以降になると、方形と円形を組み合わせた井戸が出現するようになり、一二世紀には円形井戸が主流を占めるようになる。とりわけ横板組井戸は、平安京に遷都後の九世紀になると急激に減少する。律令体制の衰退にともなって杣《そま》（杣人）や木工を掌握できなくなったことに加え、横板に適切な原木が枯渇したためと考えられる。このような状況のもとで増えていったのが、曲物である。

古墳時代の遺跡から曲物片が出土するので、曲物に長い歴史があるのは知られるが、出土量が増えるのは八世紀に入って以降である。井戸に用いられたもっとも古い例は、藤原京左京六条三坊で検出された水溜《みずだめ》といわれる(50)。これより後も、曲物の使用例はしばしばみられる。ただ、水溜には小さすぎるものもあり、地下水の湧出地点の洗掘や攪乱を防ぐ目的で設置されたか、いわゆる「まなこ」(51)と呼ばれる祭祀的な意味を籠めて設置された可能性も考えられる。井戸枠に曲物が本格的に使われるようになるのは九世紀に入ってからであるが、それは、この頃に鏟《せん》と呼ばれる工具が全国的に普及したためである。

鏟は細長い鋼鉄の片方に刃がついていて、両端に柄がついており、両手でその柄を持って手前に引いて材の表面を削る道具である。もともとは平鏟あるいは直鏟といって平らな刃のついたものであったが、のちに曲鏟といって刃全体が湾曲したものが考案された。以来両者はそれぞれに使い分けされて効力を発揮したのであった(52)。

この工具で裁断された薄板を均一な厚さに整えたり、表面を整形したり、底板を側板の大きさに合わせて削ったりした。現在でも鐁は使用されているという。曲物組井戸のある場所は湧泉の水量が比較的豊かな低湿地が多い。井戸枠にするには曲物を二～三段積み重ねる。三段といっても、下から上へゆくほど口径の大きい曲物を使い、四分の一～三分の一ずつ重ねていくため、背丈ほどの高さにするには、最大級の曲物（高さ約六〇センチ）でも五～六個は必要になる。初期の曲物は、底板の上に側板を置いただけで(53)、木釘や竹釘の痕跡はない。考古学では、釘の痕跡がついているかどうかで、その

曲物水溜井戸（平城京左京三条一坊七坪）

曲物積み上げ井戸（滋賀県宮司遺跡）

曲物が転用材か、井戸枠のために製作されたのかを判断しているが、井戸のつくられた時期や規模も考慮するべきであろう。なお、底板を側板に嵌め込むやり方が主流になっても、小型の曲物には原則的に釘を用いなかったことも留意すべきであろう。(54) 曲物組井戸の最盛期は、一二〜一四世紀である。一四世紀になると、桶組井戸や石組井戸が姿をみせはじめる。

## 桶組井戸

桶組井戸は、北部九州ではすでに一一世紀後半には検出されている。(55) だが全国へ展開するのは、はやくとも一四世紀とされる。(56) このような時間差が生まれたのはなぜだろうか。それは、桶組井戸がきわめて特殊な形で北部九州に持ち込まれ、使用されたためと考えられる。

一一世紀後半になると、宋の貿易商人が「唐房」あるいは「唐坊」と呼ばれる居住区（中国人街）を博多につくり、ここを拠点に活動するようになった。博多ほどの規模ではないが、太宰府・筥（箱）崎・香椎にも宋商人の居住区があったようである。北部九州の桶組井戸は、これら居住地からもっぱら検出されることから、宋の人々が生活用水を得るために、わざわざ本国式で築造したものとされる。(57) では井戸桶はどこで誰がつくったのだろうか。一般には、商人たちに混じってやってきた宋の桶職人が、わが国で製作したといわれる。(58) しかしそうであれば、宋の桶職人は同郷の商人だけでなく、なじみの深い日本人の富商や武士の家にも出入りして、曲物よりも機能の優る桶を販売したり、桶組井戸をつくったのではないだろうか。同国人相手だけでは彼らの生計は維持できなかったであろう。また、宋の桶職人がわが国に止住していたならば、桶に関心をもった商人や技術者が技術の習得に努め、京都や鎌倉などの都市部でもっと早く桶が販売され、桶組井戸が建造されていたはずである。にもかかわらず、桶組井戸は、北部九州でつくられてから三〇〇年もかかってようやく全国に普及するのである。その理由はさまざまであろうが、北部九州の商人や権力者に、全国展開できるだけの経済的・政治的な力がなかったためもあろう。

博多では一一世紀後半から一二世紀前半にかけて多量に出土する白磁[59]も、滋賀県では一二世紀中頃から一三世紀前半にかけてようやく流通するようになる。また、博多では一二世紀後半から一三世紀

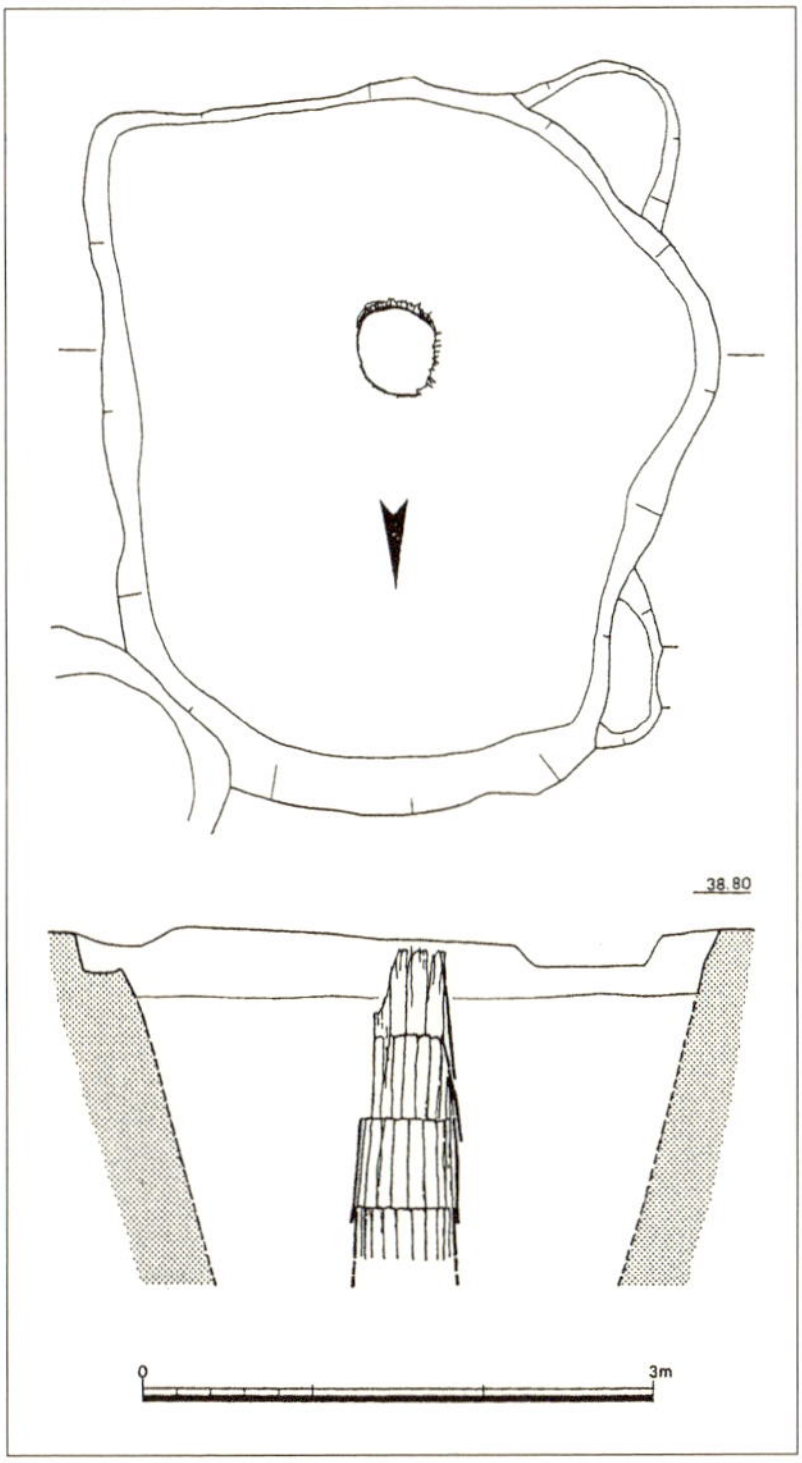

桶組井戸（福岡県大宰府史跡）

代にかけて、これまた多量に出土する青磁[60]も、滋賀県では一四世紀前半から一五世紀後半と、かなり遅れて流通する。さらに、博多では一二世紀前半にはすでに出土している天目茶碗も、鎌倉では一三世紀中頃にならないと出土しない[61]。国産の陶器が博多で流通するのは遅く、一四世紀の常滑の甕がもっとも早い出土例とされるのは、博多が唐人街を中心とした祖界地のような閉鎖的な都市であったことによるとみられる[62]。

こうした実態を勘案すると、博多には全国的に商取引のできる商人はおらず、もっぱら宋商人などの有力商人が取引する場でしかなかったことになる。こう考えると、博多に後れを取ること三〇〇〜四〇〇年、桶製品や桶組井戸がようやく一四世紀以降に全国に拡散していったのも理解できるのではないだろうか。

桶組のほうが曲物組よりも大きな井戸にすることができ、頑丈であったため、水需要の多い商家や上級武士に積極的に導入された。桶は榑板《くれいた》と呼ばれる内側に湾曲した板材を円形に密着させた容器で、型崩れも水漏れもせず、耐久性にも優れていた。榑板を水の漏れないように円形に組み立てるには、榑板の両側面の角度を同一にし、凹凸のないように平らにしなければならない。この加工には、正直鉋や台鉋、鑁といった工具が必要であった[63]。一三世紀から一五世紀にかけて、大鋸《おが》（二人挽き）と呼ばれる縦挽き鋸、台鉋など、わが国の木工に革命的ともいえるほど大きな影響を与えた工具が次々と導入され発明された。だから、桶づくりの道具類や技術が導入されたことも十分考えられる。

北部九州以外で桶組井戸が築造されたのは、草戸千軒町遺跡の例などから一三世紀後半頃といわれ

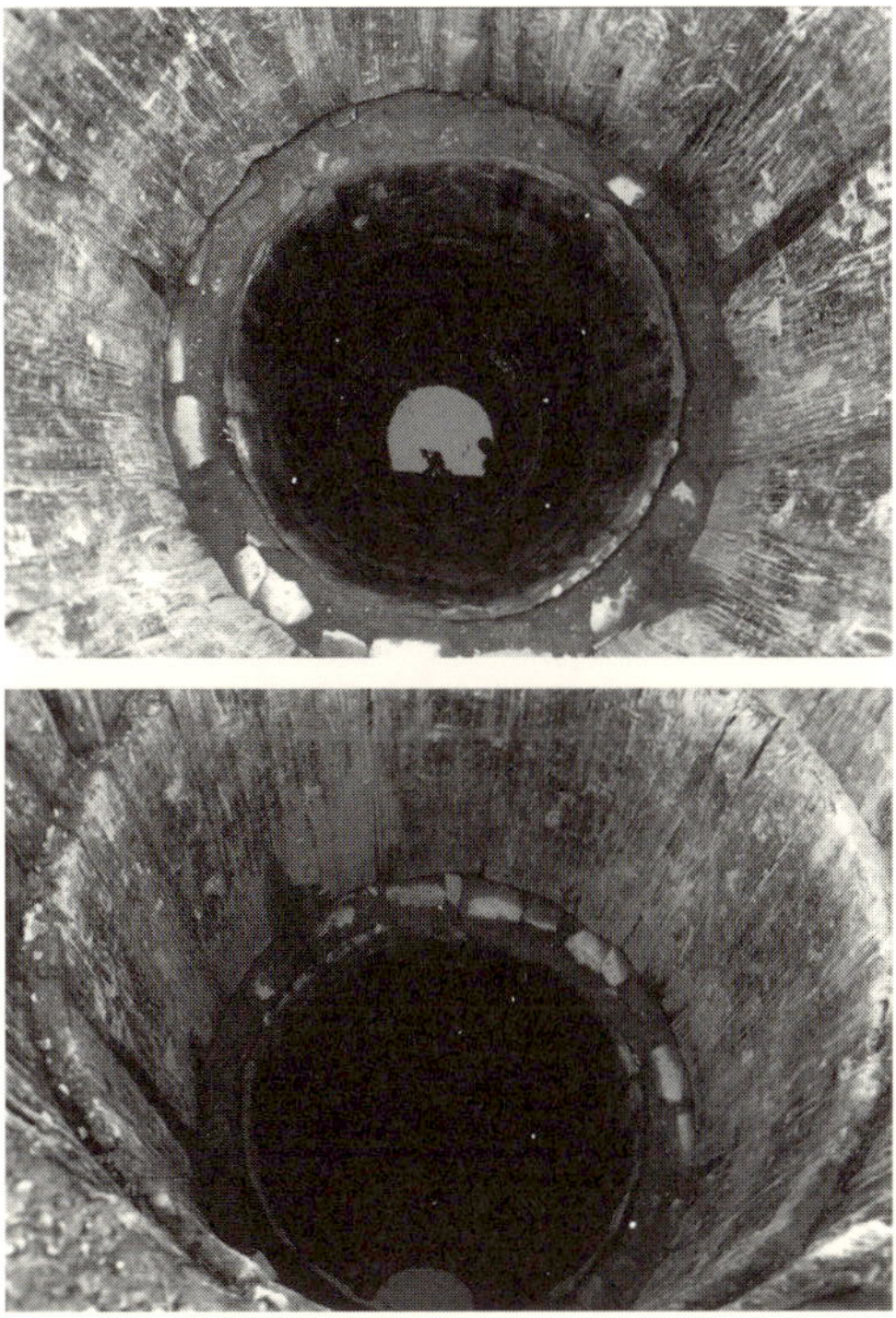

桶組井戸（滋賀県彦根城御殿跡）

ている。だがこの頃は、桶をつくる工具がまだ普及しておらず、いったいどんな道具を使ったのであろうか。草戸千軒町遺跡から出土したもっとも古い桶井戸を観察した鈴木康之は、「この結物榑板の側面には、細長く抉《えぐ》るような複数のストロークが残されている。この工具は加工面に対してわずかに湾曲するもので、個々のストロークの長さから鉇《やりがんな》による加工痕と判断できる」として、「一三～一四世紀に拡散した結物は専門的な技術や工具をもたない日本の職人によって製作されたものが主体だったと考えることができるだろ

う」という。(64)

滋賀県内で出土している一五世紀頃までの桶組井戸は、円形縦板組に竹の箍《たが》を巻いただけで、はたして桶といえるか疑問である。草戸千軒町遺跡の桶組井戸を含めて、桶の概念を改めて規定する必要があるのではなかろうか。円形縦板組に竹の箍を巻いたものを「桶」とするならば、側面の加工に鉋が使用されていても不思議ではない。鈴木康之は、草戸千軒町遺跡ではⅣ期（一五世紀後半）以降でないと桶組井戸が出現しないので、この時期に桶作りの工具と技術が普及して本格的に築造されるようになったとみている。(65)しかし、石村眞一は、一四世紀には正直鉋や台鉋があり専業の桶職人がいたことから、このころには桶が本格的に製作されていたとみている。(66)

一五世紀になると、桶組井戸は全国に普及する。しかし滋賀県では、桶と曲物、桶と縦板組を併用した井戸はみられるが、典型的な桶積み上げ井戸は、一七世紀初頭の彦根城御殿跡でみつかった精緻で規模も大きな井戸以外(67)にほとんどなく、曲物組井戸が主流である。他の井戸と同様、桶組井戸にも地域差があったようだ。

### 石組井戸

石組井戸は、すでに七世紀には築造されている。しかし、なぜか八世紀初頭〜一二世紀後半頃まで、ほとんど検出されていない。その後、一二世紀後半から一三世紀前半にかけてのものが、とりわけ京都や奈良でみつかる。これについて鐘方正樹は次のように述べている。(68)

この頃は保元・平治の乱（一一五六・一一五九年）によって武家の台頭が明確となり、社会的に混乱したのみならず、太郎焼亡（一一七七年）・次郎焼亡（一一七八年）という平安京始まって以来の大火によって宮内（大内裏）にまで及ぶ広い範囲が被災したことが知られている。井戸枠に再利用される木材資源のほとんどが焼失してしまったことになる。さらに、被災した地域で一斉に建物の復興が行われたと思われるから、木材の大量需要が発生し価格の高騰もあったに違いない。このような状況において井戸枠に利用できる木材は激減し、他の素材を求めざるをえなくなるのは明らかである。その点で石は近辺で容易に採取できるし、構築技術も存在しているので、石組型はつくりやすい井戸枠の一つであったろう。

鐘方らしい論考であるが、いくつかの疑問点がある。鐘方は、建築資材が入手困難になるとすぐに石組井戸に移行しえたのは、七～八世紀の石組井戸の建造技術が一二世紀末まで伝承されていたからだとしている。だが、約四〇〇年間井戸づくりの技術が伝承されていたとすれば、平城京や平安京だけでなく、その周辺地域からも石組井戸が検出されてもよいはずである。それが、まったく検出されていないということは、石組技術が八世紀前半で途絶えたか、奈良時代の事例が特殊であって、専門の工人はいなかったとみるのが妥当であろう。技術は、師から弟子へ、親から子へと代々伝えていかなければ断絶することは、これまで数々の手工業が廃れ、いまだ復元しえないものも多いことからも明らかである。それでは、一二世紀末から一三世紀前葉の石組井戸の建造技術は、どこで獲得されたのであろうか。私が注目するのは、このころ増えはじめる石造美術品である。

石造美術品とは、石仏・五輪塔・宝塔・宝篋印塔・摩崖仏・板碑《いたび》などを指す。すでに七～八世紀にはつくられるようになっていた[69]。一二世紀に入ってから数は増えはじめ、一三世紀になると一挙に増大する。石造美術品の数が増える傾向は、石組井戸の傾向と似ている。これは何を意味するのであろうか。石造美術品と石組井戸は一見無関係にみえるが、分業が進んでいない時代においては、どちらも石工とか石作と呼ばれる工人がおこなっていたと考えられる。奈良時代にも、このような工人が石組井戸をつくった可能性が高い。一二世紀頃までの石造美術品の原料は、比較的加工の容易な砂岩や凝灰岩などが主で、硬く加工のむずかしい花崗岩はあまりみられない。これは、強固な工具がなかったためと考えられる。一三世紀になると、花崗岩の製品が数多く出現する。大鉄槌や石鑿が全国的に普及したためと思われる。大鉄槌は、宋から伝えられたようだが[70]、石鑿は従来よりも硬質の刃をもつものが生産されるようになったとみるのが妥当であろう。硬質の刃をつくるには、良質の鉄とともに、鍛冶の技術の発達が必要であった。平安時代中期以降、武士が台頭するにともない、殺傷力の高い武器、防御性に富んだ武具が求められた。平安時代後半に、いわゆる日本刀と呼ばれる武器が出現するのもこれと無関係ではない。日本刀の製作でつちかわれた技術が、他の鉄製品にも応用され、耐久性のある鋭利な石鑿を生み出したとみるのはうがちすぎであろうか。折しも〈末法〉の時代、恒久的な石造品は、弥勒浄土に往生したいと願う人々の要望に叶うものであった。こうした時代背景のもと、数多くの石工や石作が輩出し、そのなかから、石組井戸の築造に携わる者も現われたのであろう。

ところで、石は比較的簡単に入手できると考えられている。しかし、井戸の材料となるような方形の石を必要な数だけ集めるのは、経済力がなければきわめて困難なことであった。自然の河原石といっても、どの川にも転がっているわけではない。中流か上流まで行かなければ入手できない。しかも、丸みを帯びた安定性の悪い河原石で井戸をつくるには、それなりの技術を必要とする。愛知県の朝日西遺跡（清洲城下町遺跡）の井戸について考察した長島広は、地理的条件によって井戸の型式も規定されるという。

近くに石材がなく礫層のように地盤がしっかりせず、非常に軟弱な砂層と泥層の上に立地しているため石材を用いた内部構造物は不向きで、内部構造物はほとんど木材が使用されている等、尾張低湿地という一つの特殊な地理的環境が井戸の様相を規定する大きな要素となっているといえる。(71)

井戸の型式分布を考える際は、この見解に留意して慎重にするべきであろう。このようにみると、大火に見舞われて井戸材に転用する木材がなくなったため、しかたなく木から石へ材質を変えたという鐘方正樹の説は、いささか短絡的ではなかろうか。

私は、井戸材が木から石へ変わった要因を、木材資源の枯渇にともない、廃材を建築物に再利用したり、燃料に使ったためと考えている。空海が東寺（教王護国寺）を勅賜されて造営にとりかかる際、建材を稲荷神社の神域である稲荷山から得たことはよく知られているが、これは、平安遷都直後ですら、京都周辺の山々には寺院の建立に必要な大材がなかったことを示している。京都近郊の山の木材資源の枯渇を示すのが松茸の出現である。松茸は、アカマツの根系に寄生するキノコであるが、そのアカマツは、ヒノキやスギ・カシ・ブナなどの原生林を伐採した跡地の太陽光のよくあたる場所に生える陽樹である。京都の松茸が初めて文献に登場するのは、寛弘二～四年（一〇〇五～〇七）に成立したとみられる『拾遺和歌集』[72]である。九世紀末には、社寺の境内などを除き、京都近郊の山からヒノキやスギ・シイなどの陰樹は姿を消し、赤松林が勢力を伸張していったことになる。奈良町でも、京都にやや遅れて一三世紀頃から石組井戸が建造されるが、その理由を鐘方正樹は、治承四年（一一八〇）の南都大火によって再利用木材が焼失したためとしている。[73]しかし、奈良周辺の山々は聖なる神域や寺域として保護され、松茸の記事が散見するようになるのは一五世紀以降なので、[74]火災のあるなしにかかわらず、早くから建築用の木材は遠く吉野などに求めていたと考えられる。ここでも、大火＝木材の枯渇という図式を援用することには無理がある。

都市住民にとって、生活必需品である薪炭の確保には、水を確保する以上に大変な労力を要したことは想像にかたくない。これは、貴族がもらい風呂をするときに、薪炭を持参する習わしだったことからもうかがえる。薪炭は、買うか、家屋の新築・建て替えで生じる廃材、火災で焼け残った建材、流木・庭木の剪定屑などを見つけるか、近郊の山で柴木を伐採して持ち帰るかのいずれかの方法で手に入れるしかなかった。柴刈りといっても、陰樹の下では柴木は生えないから、周辺の山が原生林であればそれも無理だった。貴族や官人・商人などの富裕層は購入したであろうが、一般庶民はさまざまな工夫を凝らしたと私は考える。扉板や床板のような大型の廃材は、道具を持たない庶民は切ることも割ることもできなかったため、もっぱら官人や貴族が井戸材などに再利用したのであろう。しかし、人口の増大にともなって貴賤ともに薪炭が不足するようになると、そのような大材も薪炭として利用されるようになり、そのまま再利用されることはなくなっていったと思われる。いずれにしても、井戸の建材が木から石へ変化した背景には、大火以外にもさまざまな要因がかかわっていたとみるべきであろう。

石組井戸が本格的に築造されるようになるのは、一般に一三～一四世紀頃とされている。たとえば山口県では、「鎌倉時代以降井戸の主流を占めるのは、石組みの井戸である。石組の井戸は平安時代にも検出されているが、室町時代にはほとんど石組みの井戸となる」[75]。また、三重県でも「石組井戸は、県内の検出例としては、鎌倉初頭より見られるようである」[76]。さらに石川県でも、「石組井戸は河原石の乱石積みの井戸と板石組で方形の井戸が存在する。石組井戸の出現は、辰口町西部遺跡群の一二世紀後半代から見られるが、一般的に採用されるのは一四世紀代（後半）以降のようである」[77]。

しかし、中世都市「鎌倉」では石組井戸がほとんど検出されておらず[78]、滋賀県でも一三～一四世紀代には、曲物や縦板組井戸で上部に石組をもつものはあるが、全体に石を使った井戸はほとんど検出されていない。石組井戸は、草戸千軒町遺跡では室町時代末期に一般化し[79]、奈良県菅田遺跡で検出されたものは一四世紀中葉から一七世紀初頭にかけて築造され[80]、富山県では中世後期（一五～一六世紀中

石組井戸（滋賀県敏満寺遺跡）

頃）に一般化するとされている。[81] こうした点から、私は、石組井戸には地域的な差が大きいか、数が少ないため全体の傾向が十分把握されていないのではないかと考えている。

たとえば、鎌倉の背後の山は凝灰岩でできているため、石の採掘は容易で、石組井戸の材料には困らなかったはずである。にもかかわらず山城でしか検出されないのは、鎌倉地域が砂層から成っていて石組井戸をつくりにくかったためと考えられる。石造美術品の宝庫で、石には事欠かない滋賀県でも、中世集落の発掘調査が進んでいないこともあるが、一五世紀代の石組井戸はあまり検出されていない。しかし、一六世紀になると丘陵地や微高地、とりわけ、城郭や城下町から数多く検出される。これに対し中世には集落が地下水面の高い条件に恵まれた場所に立地していたため、曲物組井戸や縦板組井

石組井戸（山口県大内氏館遺跡）

戸で十分であったと考えられる。

宇野隆夫は、鎌倉で石組井戸が検出されなかったことから、東国に石組井戸は普及しなかったと述べている。[82] しかし、鈴木孝之の調査によると、石組井戸かどうか問題のある井戸や、江戸時代の井戸も含まれるものの、群馬県で一二遺跡二四例、栃木県で六遺跡一三例、埼玉県で一〇遺跡一四例、東京都で五遺跡六例と、数は少ないものの関東地方でも石組井戸が検出されており、[83] 築造技術が伝播していることが知られる。関東地方ではそもそも、石組井戸だけでなく木組井戸も少なく、多くが素掘り井戸である。その理由として、関東では地下水面が低く、素掘りでも壁面の崩壊が進まないこと、石は遠く離れた茨城や群馬・神奈川の山にしかなく、入手することがきわめて困難であったことが挙げられる。[85] なお、山形県庄内地方[84]や、福島県・秋田県[86]では、現時点では石組井戸は検出されておらず、東北地方では石組井戸はつくられなかったようである。なぜなのかは明らかでないが、鈴木孝之が「近世前後から石組みがやや数を増し、それは主に館や寺社、学校跡、あるいは大規模な屋敷などを始めとする、いわゆる〈上層階級〉や〈都市型の集落〉に帰属するものが多かったとも表現出来よう」といっていることとかかわるのかもしれない[87]。

### 埴輪の井戸

以上が井戸の主要な型式であるが、このほかにも数は少ないがさまざまな井戸がある。

古墳の墳丘に設置されていた円筒埴輪を抜き取ったり、埴輪の製作地に放置されていたものを井戸枠に転用したタイプがあるが、全国で数例しか検出されていない。雨水や滲出水などを溜める溜井に分類されるものを含めても一〇例に満たない。その多くが、古墳時代に巨大古墳が数多く築造された、奈良や大阪など、埴輪が比較的入手しやすい地に集中している。

大阪府南河内郡の太井遺跡から出土した埴輪組井戸は、上端で直径一三五センチ、底部で九〇センチ、深さ四・七メートルと規模が大きく、底部には径二〇センチ前後の礫と埴輪片を敷いてその上に四段の円筒埴輪を組み上げている。円筒埴輪には透孔《すかし》と呼ばれる穴があいているが、その部分は水の流出や外側の土の流入を防ぐため、外側から別の埴輪や礫で塞がれていた[88]。この埴輪をどう入手したのかは明らかではないが、今は消滅した古墳に立っていたものを引き抜いて利用したとされる。また、大阪府藤井寺市のはざみ山遺跡からは、長径一・五メートル、短径一・二メートル、深さ二・三メー

埴輪組井戸（大阪府はざみ山遺跡）

トルの三段に積み重ねられた埴輪組井戸が検出されている。ここでは埴輪の接合部に、隙間を塞ぐため外側から別の埴輪片があてがわれていた[89]。確認された円筒埴輪の上部に、さらに埴輪が積み重ねられていたかはわかっていない。

これらの埴輪組井戸に対して、奈良市の秋篠・山陵遺跡で検出された三基は、深さが七〇センチほどしかなく地下水面まで達していないため、雨水や滲出水などを溜める溜井《ためい》とされる[90]。考古学では、地下水面に達しない浅い掘り込み遺構を溜井と呼ぶ。しかし低湿地か谷といった滲出水の豊富な場所はともかく、通常の土地では一時的に水は溜まるかもしれないが、底面から漏れたり蒸発したりして、日常的に水を使用できるほど水は溜まらない。したがって、本書では、山城や平山城の谷頭や谷筋につくられた溜井以外は井戸と認めず、除外した。溜井は、秋篠・山陵遺跡の埴輪組も含めて、なんらかの祭祀的な意味をもつと考えられ、今後の研究課題である。

**磚組井戸**

数の少ない井戸といえば、磚《せん》組井戸であろう。磚とは、宮殿や寺院の土間に敷いたり、土壇を葺《ふ》いたりしたもので、方形や長方形をしている。古代のレンガというべきもので、瓦とともに焼いたので黒灰色をし、瓦の一種とみなされる。現時点では、斑鳩《いかるが》町法輪寺旧境内に現存するものと、奈良市大安寺旧境内から発掘されたものの二基しかない。日色四郎によると、法輪寺旧境内の磚組井戸はきわめて高度な技術で構築されているが、時代は未詳のようだ(91)。

平面形は真円であるが断面は花瓶状を呈し、其の径は上部付近は最小、中央部稍《やや》下方で最大、下底は少しく狭まり、其の計数は上部で三尺、中央稍下方で四尺五寸、深さは現在約一四尺である。磚は井筒下底の鏡石の上から平に積み重ねられて井筒を構成している。然し普通一般の方形のものでは円形井筒を造るのに不都合のため、特に梯形として其の幅の狭い上辺を井筒の内側に面せしめて左右の磚との緊密な接触を計り、更に上辺を磚の内側に対して緩やかな孤状に殺《そ》ぎおとして井筒の内側が真円となる様に工夫されていた。

唯一の発掘例である大安寺旧境内の磚組井戸は、内法径が二・六メートルに及ぶ規模の大きなもので、一辺約二七センチ、厚さ約五センチの磚を、一段三〇枚使用して円形に組んでいる。磚の裏側には、黄灰色粘土が厚さ一五センチの幅で塗り込められていた。完掘されていないため深さは明確でないが、調査された一・四メートルからさらに一メートル以上、すなわち、二・四メートル以上あるとされる。出土土器から廃絶時期は一二世紀末とみられているが、未掘であるため建造の時期は明らかにしえなかった(92)。

## 羽釜の井戸

私がもっとも注目するのは、羽釜と呼ばれる土製の調理具の底部を打ち割り、何段にも重ねたタイプである。大阪市加美遺跡では、一三世紀代の羽釜組井戸が二基検出されている。そのうち一基は、四個の羽釜を積み上げた上に曲物を乗せたもので(93)、深さは約九〇センチで古墳時代前期の砂層に達し、発掘調査時においても、水が浸み出てきたとされている。おそらく古墳時代以降にできた砂層の宙水《ちゅうすい》を得ていたのだろう。

羽釜組井戸は奈良にもあるが、河内地方に多く見られ、もっとも高く積み上げた事例は八尾市佐堂遺跡の九段である(94)。この井戸は、上縁の径が一・九メートル、底部の径は一・三メートル、深さは一・四メートルある。最下段に口径〇・四五メートルの曲物を据え、その上に土師器羽釜を積み重ねている。最下段の羽釜から上へ三段まで口縁部分を下に倒立させ、四段目から七段目までを正立して積み、最上段では再び倒立させて七段目の羽釜の口縁部分と咬み合わせていた。どの羽釜にもススが付着していることから、使用中に底が壊れたものをリサイクルしたとされる。(95) しかし、いまも各地に顔や体にススや墨を塗り付ける行事や祭事があることから、ススの付着した羽釜をわざと使用したか、新品にわざわざススを付けて底を割った例もあるのではないかと私は考えている。ただ、そのススにどのような意味が込められているのかは、今後の研究課題である。

現在では、鍋・釜と並称されているが、江戸時代中頃までは、底が深い釜は湯を沸かすもの、底の浅い鍋は煮炊きをするものと区別されていた。鍋・釜の区別がつかなくなったのは、重量のある木製の蓋を釜にかぶせて白米を炊くようになってからである。いまでも鉄釜で沸かした湯を身に振りかける〈湯立て〉の神事があるが、これは、湧泉から水が湧くように、釜の湯がブクブクと泡を立て沸く状況をカミの顕現とみている。釜はまた、神事や種蒔き・収穫の祈願の際にモチ米や雑穀のモチ種を蒸すのに使うなど、カミマツリと深くかかわる容器であった。その釜の底が打ち割られ、地下他界に住まうカミの通路である井戸の井戸枠に使われることは、たんなる偶然とは思えない。

こう考える理由のひとつに、奈良や大阪では蔵骨器にやはり羽釜を使用していることがある。しかし、これだけの理由で、羽釜がカミ観念とかかわりがあるとは言えないだろう。羽釜が蔵骨器や井戸枠として使われるのは、奈良と大阪地域だけだからである。滋賀県の集落跡から羽釜は出土するが、蔵骨器や井戸枠としての出土例はない。蔵骨器や井戸枠に羽釜を使用する地域は、須恵器をはじめ埴輪、瓦器、瓦質土器、陶質土器など、古墳時代から近世までさまざまな土器を生産してきた地域であ

羽釜積み井戸（大阪府加美遺跡）

る。そのため、身近にあって簡単に入手できる羽釜を、カミ観念とは無関係に使用したとも考えられる。しかし、次のような見解もあり、カミ観念との関連も捨てきれない。

その被葬者については墓の数量的な多さから、限られた支配者層ではなく、より広範囲な階層が、その被葬者として浮かび上ってくるのではないだろうか。しかしこの場合、羽釜形土器といった日常雑器の蔵骨器としての使用は、手近なものの転用といった被葬者の階層を表象するといった視点からだけでなく、羽釜形土器といった限定された器種のもつ宗教的意義についても考えねばならな

いだろう。(96)

問題は、なぜ〈羽釜〉で、他の容器でなかったのか。

## 葦を使った井戸

最後に、葦を井戸枠としたタイプに触れてみたい。このタイプが井戸かどうか疑問はあるが、その点は置いておく。一九三六年に発掘調査された弥生時代末期の奈良県唐古（池）遺跡の二遺構と、一九八七年に大阪市の加美遺跡で検出された古墳時代前期の遺構が知られている。そのうち唐古（池）遺跡の一つは、「東西一尺七寸、南北一尺三寸余の中心距離をもって四本の杭を四隅に打ち込み、杭の内外に二重に葭を立て繞らしたもの」で、葭内の中位から第五様式の長頸壺が出土している。もうひとつは、「七本の細割丸太を中央部で径二尺五寸のほぼ円形に砂層中に打ち込み、その間に葭を横に編み渡してからんだものである」。唐古遺跡の報告書は、「井戸」とは述べていないが、それに類するものと推測している。

この二例の特殊な遺構はそれぞれ坑の周壁に入念な保護施設があり、一般の第五様式竪穴に比して更に径が小さく深さが深い特色をもっているので、自から竪穴とは別な用途に当てられたものと思われるのである。ここに調査者としてその性質に対する一個の解釈を述べるならば、第二一号地点例が粘土層の上位にある砂層を貫通して穿たれ、且つ底部に黒色砂の堆積を見たという事実によって、共に砂層中の地下水をこの縦坑によって汲上げる目的に出たものではないかと考えられることである(97)。

一方、加美遺跡の報告書は「井戸」と明記している(98)。

口の径は約二m、深さは一m強で、底から五〇cmぐらいから径がすぼまる。すぼまった部分の壁には葦がびっしりと貼り付けられている。内側には木の枝を曲げた輪がはめこまれていた。枝が外に広がろうとする反発力を利用して葦を壁に押し付けているのであろう。

私がこの遺構に興味をもつのは、使用されている材が葦・葭だからである（樹種鑑定されていないので荻の可能性もある。また、可能性は低いが、ススキも考慮する必要がある）。カミは〈訪れる（音連れる）〉というように、音とともに顕現する。社殿から神輿へカミを移す際にカネやタイコを打ち鳴らすのは、その表徴である。しかし、弥生時代や古墳時代に大きな音の出る道具はなく、それゆえ雷鳴・鳴動（地震）・爆発（火山）など大きな音を出す自然現象は、すべてカミの顕現の徴候とみなされた。

だが自然界には音を立てるものがほかにもあった。それは〈風〉である。私は、鬱蒼とした樹林のなかで、大木の梢を揺らしながら吹き渡る風の音に、いいしれぬ感動を覚えたことがあるが、人工音のまったくない原始社会で、人びとのもっとも身近な音は、風の音だったのではないか。なかでも人びとが神意を感じたのが、〈さやさや〉〈さわさわ〉〈さいさい〉と、ものがすれ合って鳴る音であった。[99]すれ合うものはなんでもよかったわけではない。稈（茎）が中空で、葉が線形をなしており、長い花軸茎の先端周辺部に花・果実などが密集した穂のついたイネ科植物の葦《あし》や荻《はぎ》や薄《すすき》に限られていた。これらの形姿が、カミとみなされたヘビやヒルとおなじく、常に〈ひらひら〉と動いているためであり、私が、日本人のカミ観念の発生の根源とみる〈稲〉と酷似しているからであろう。

稲をはじめとするこれらの植物は、秋のさわやかな風に揺られながら日増しに背丈を伸ばす。ある日、何もなかった稈の先端から突然、穂が現われ、花が咲き、実を結びはじめる。人びとは出穂を、中空の稈に籠もっていたカミが、さやさやと葉ずれのする秋風の音に促されて顕現してきたと理解した。それゆえ葦は、カミの籠もる植物、神意を占う聖なる植物として尊ばれてきた。「豊葦原瑞穂国」とは、たんに葦が生い茂る地という意味だけではない。その葦を井戸枠にした「井戸」が、日常的な生活用水を得るために建造されたものでないのはいうまでもない。類例が乏しく、根拠が薄い観はあるが、私は、葦のその聖性からみて、葦組「井戸」は、丸太刳り抜き「井戸」とおなじく、カミマツリのための聖なる水を得るためにつくられた聖なる「井戸」であると考えている。

（1）宇野隆夫「井戸考」『史林』第六五巻第五号、史学研究会、一九八二

（2）鐘方正樹『ものが語る歴史シリーズ⑧　井戸の考古学』同成社、二〇〇三

（3）同前
（4）前掲注1、宇野隆夫
（5）前掲注2、鐘方正樹
（6）奈良市教育委員会「平城京左京五条二坊十四坪　発掘調査概要報告」『奈良市埋蔵文化財調査報告書昭和五四年度』一九八〇
（7）大阪府教育委員会『神並・西ノ辻・鬼虎川遺跡発掘調査概要Ⅱ』一九八六
（8）前掲注2、鐘方正樹
（9）前掲注1、宇野隆夫
（10）前掲注2、鐘方正樹
（11）鈴木孝之「古代～中近世の井戸跡について(1)――埼玉県における形態分類を中心として」『研究紀要』（埼玉県埋蔵文化財調査事業団）第七号、一九九〇
（12）同前
（13）同前
（14）同前
（15）吉村信吉『地下水』河出書房、一九四二
（16）前掲注11、鈴木孝之
（17）小田原市教育委員会『小田原市文化財調査報告書第三五集　史跡石垣山Ⅰ』（一九八八年度測量調査報告）一九九一
（18）篠原豊一「平城京の井戸とその祭祀」『奈良市埋蔵文化財調査センター紀要』一九九〇
（19）奈良県立橿原考古学研究所「法起寺旧境内七次」『奈良県遺跡調査概報第一分冊　一九九三年度』

(20) 伊藤実「日本古代の鋸」『考古論集』潮見浩先生退官記念事業会、一九九三
(21) 成田壽一郎『曲物・箍物』理工学社、一九九六
(22) 前掲注1、宇野隆夫
(23)「端板」『日本国語大辞典』小学館、一九七二〜七六
(24)「榑」『日本国語大辞典』小学館、一九七二〜七六
(25) 石村眞一『ものと人間の文化史82 桶・樽II』法政大学出版局、一九九七
(26) 中村雄三『図説日本木工具史——日本建築工具の史的研究』大原新生社、一九七四。近世末から近代にかけて活躍した、前挽き大鋸の一大生産地であった滋賀県甲賀市甲南の杣大工は、厚さ三ミリの板を正確に製材した。
(27) 前掲注1、宇野隆夫
(28) 前掲注2、鐘方正樹
(29) 前掲注18、篠原豊一
(30) 黒崎直「平城宮の井戸」『月刊文化財』第一五一号、第一法規出版、一九七六
(31) 奈良国立文化財研究所『平城京右京八条一坊十三・十四坪発掘調査報告』一九九〇
(32) 前掲注30、黒崎直
(33) 前掲注2、鐘方正樹
(34) 黒崎直「藤原宮の井戸」『奈良国立文化財研究所創立40周年記念論文集 文化財論叢II』一九九五
(35) 山本輝雄「長岡京の井戸」『長岡京古文化論叢』中山修一先生古稀記念事業会、一九八六
(36) 京都市埋蔵文化財研究所創立25周年記念「リーフレット京都」No.87〜No.150合冊『つちの中の京都2』二〇〇一

(37) 前掲注34、黒崎直
(38) 前掲注30、黒崎直
(39) 前掲注36、京都市埋蔵文化財研究所
(40) 奈良県教育委員会『奈良県史跡名勝天然記念物調査報告書第一七冊　橿原』一九六一
(41) 奈良国立文化財研究所『平城京左京四条二坊一坪』一九八四
(42) 平安博物館『平安京左京八条三坊二町』古代學協會、一九八三
(43) 鎌倉市教育委員会『神奈川県・鎌倉市今小路西遺跡（御成小学校内）発掘調査報告書』一九九〇
(44) 淡河萩原遺跡調査団『神戸市　淡河萩原遺跡　第Ⅲ・Ⅳ・Ⅴ次発掘調査報告書』株式会社埋文、一九九九
(45) 同前
(46) 京都文化財団『京都文化博物館（仮称）調査研究報告書第二集　平安京左京三条四坊四町』一九八八
(47) 小都隆「草戸千軒の井戸」『考古学研究会』第二六巻第三号、考古学研究会、一九七九
(48) 前掲注2、鐘方正樹
(49) 岩本正二「西日本の中世井戸――広島県草戸千軒町遺跡の井戸をめぐって」『考古論考潮見浩先生退官記念論文集』一九九三
(50) 前掲注2、鐘方正樹
(51) 山本博『井戸の研究』綜芸舎、一九七〇
(52) 岩井宏実『ものと人間の文化史75　曲物』法政大学出版局、一九九四
(53) 同前
(54) 同前

(55) 鈴木正貴「出土遺物からみた結物」『桶と樽――脇役の日本史』法政大学出版局、二〇〇〇
(56) 鈴木康之「日本中世における桶・樽の展開――結物の出現と拡散を中心に」『考古学研究』第四八巻第四号(通号一九二号)、二〇〇二
(57) 同前
(58) 同前
(59) 池崎譲二「博多出土陶磁器の組成について」『貿易陶磁研究』No.4、日本貿易陶磁研究会、一九八四
(60) 同前
(61) 前掲注56、鈴木康之
(62) 前掲注59、池崎譲二
(63) 前掲注25、石村眞一
(64) 前掲注56、鈴木康之
(65) 同前
(66) 前掲注25、石村眞一
(67) 彦根城博物館編『彦根城博物館調査報告書Ⅰ 特別史跡彦根城跡表御殿復元工事報告書』一九八八
(68) 前掲注2、鐘方正樹
(69) 小野勝年編『日本の美術2 No.45 石造美術』至文堂、一九七〇
(70) 同前
(71) 長島広「朝日西遺跡の井戸について」『愛知県埋蔵文化財センター年報 60年度』一九八六
(72) 千葉徳爾『増補改訂 はげ山の研究』そしえて、一九九一
(73) 前掲注2、鐘方正樹

(74) 前掲注72、千葉徳爾
(75) 山口県教育委員会ほか『山陽自動車道・四辻バイパス　鋳銭司　上辻・大歳・今宿西――山口市鋳銭司所在の集落遺跡』一九八四
(76) 水谷豊「石組井戸と木組井戸――三重県内の資料から見たその使い分け」『研究紀要』第八号、三重県埋蔵文化財センター、一九九〇
(77) 石川県立埋蔵文化財センター『米光萬福寺遺跡』一九八七
(78) 斉木秀雄「井戸の発掘」石井進・大三輪竜彦編『よみがえる中世3　武士の都鎌倉』平凡社、一九八九
(79) 小都隆「草戸千軒遺跡の井戸Ⅲ――年代を中心にして」『草戸千軒』№.54、広島県草戸千軒町遺跡調査研究所、一九七七
(80) 奈良県立橿原考古学研究所『菅田遺跡――大和の中世城館・近世集落』二〇〇〇
(81) 富山県文化振興財団埋蔵文化財調査事務所『埋蔵文化財年報6　平成6年度』一九九五
(82) 前掲注1、宇野隆夫
(83) 鈴木孝之「石組みの井戸跡について――古代〜中近世の井戸跡について②」『埼玉考古学論集設立10周年記念論文集』埼玉県埋蔵文化財調査事業団、一九九一
(84) 山形県教育委員会『山形県埋蔵文化財調査報告書第五三集　北田遺跡第二次発掘調査報告書』一九八二、山形県埋蔵文化財センター『山形県埋蔵文化財センター調査報告書第三四集　向田遺跡発掘調査報告書』一九九六
(85) 福島県教育委員会ほか『福島県文化財調査報告書第一〇九集　東北新幹線関連遺跡発掘調査報告Ⅵ　御山千軒遺跡』一九八三

(86) 秋田県埋蔵文化財センター『秋田県文化財調査報告書第三〇三集　洲崎遺跡――県営ほ場整備事業（浜井川地区）に係る埋蔵文化財発掘調査報告書』二〇〇〇

(87) 前掲注83、鈴木孝之

(88) 大阪文化財センター『太井遺跡（その2）調査の概要』一九八七

(89) 藤井寺市教育委員会『藤井寺市文化財報告第一五集　石川流域遺跡群発掘調査報告』一九九七

(90) 秋篠・山陵遺跡調査会『奈良大学文学部考古学研究室発掘調査報告書第一七集　秋篠・山陵遺跡　奈良大学附属高等学校建設に伴う発掘調査報告書』正強学園、一九九八

(91) 日色四郎『日本上代井の研究』日色四郎先生遺稿出版会、一九六七

(92) 奈良市教育委員会「賤院推定地の調査　試掘98―一次」『奈良市埋蔵文化財調査報告書　平成九年度』一九八八

(93) 杉本厚典「加美遺跡で見つかったリサイクル井戸」『大阪市文化財情報　葦火』九六号、大阪市文化財協会、二〇〇二

(94) 大阪府教育委員会ほか『近畿自動車道天理～吹田線建設に伴う埋蔵文化財発掘調査概要報告書　佐堂（その1）』一九八四

(95) 東大阪市遺跡保護調査会『若江遺跡発掘調査報告書Ⅰ　本文編』一九八二

(96) 奈良市教育委員会「古市城跡」『奈良市埋蔵文化財調査報告書　昭和五五年度』一九八一

(97) 『大和唐古弥生式遺跡の研究』京都帝国大学文学部考古学研究報告第一六冊、一九四三

(98) 伊藤純「葦をはりつけた井戸」『大阪市文化財情報　葦火』二七号、一九九〇

(99) 乗岡憲正『物語文学の伝承基盤――日本文学伝承論』桜楓社、一九八〇

# 編者あとがき

本書は、平成一八年（二〇〇六）八月三〇日に亡くなった、故秋田弘毅氏の第六冊目の著書である。『開かれた風景――近江の風土と文化』（サンブライト出版、一九八二年）、『織田信長と安土城』（創元社、一九九〇年）、『神になった織田信長』（小学館、一九九二年）、『びわ湖　湖底遺跡の謎――びわ湖1万年の水位変動』（創元社、一九九七年）、『下駄――神のはきもの』（法政大学出版局、二〇〇二年）とつづく五冊は、テーマも時代も多様で、一見とり止めもないようであるが、やや異質な『びわ湖　湖底遺跡の謎――びわ湖1万年の水位変動』を除き、その底流に流れるのは、カミ観念の追究である。本書の「はじめに」で述べられているように、著者が長年の研究生活で次第に固まってきた生涯のテーマが、日本人のカミ観念がどのように形成され、発展したかという点であり、本文中にも語られているように、前著『下駄――神のはきもの』あたりから鮮明になってきたようである。著者と私は学生時代を含めると、四〇年近い長い付き合いで、古代史を専門とする私と、文化史・美術史を主たる専門領域とする著者とは、必ずしも同じ土俵で議論したわけではないが、私からの質問攻めと、著者の新しい構想を、もっぱら聞き役として、また若干の反論（いわゆる混ぜっ返し）をさせていただくのが常であった。前著で本人も書いているように「秋田は遂に神懸かった」と吹聴した一人が私であったのかもしれない。神懸りは、実は織田信長の著作を執筆していた一九八〇年代に遡るはずで、しだいに明確になったと考えられる。前著のあとがきの中で予告されているように、本書の後に『カミの籠る容器――中空構造にみる日本人のカミ観念』と『神南備・磐座・窟――神と仏の山』の二作の構想があり、前者については、草稿も残されていたが、それはもはや果たされることはなくなった。ただ本書にその構想の一部が提示されており、著者の無念とともに、読み取りいただきたい。

本書の執筆経緯については、著者による「はじめに」に書かれているので、繰り返さないが、その内容については生前かなりの部分について、伺うことができた。ただその最終章が、かなり難航していることも話題に上るところであった。あくまで自力での刊行をめざしていた著者からは、その刊行を託されることはなかったが、著者を長年にわたり支えてきた、美恵子夫人からは、できることなら刊行したいとのご希望があり、残された原稿を整理させていただいたところ、完全原稿ではないものの、ほぼ九割以上が成稿しており、編集者に相談したところ、刊行の快諾をいただくことができた。著者の考え方や文章は、独特のものがあり、とうてい手を加えることは不可能と思われたため、編集者とも相談して、不自然な表現や、明らかに間違いと思われる部分は除き、特に手を加えることはしなかった。ただ、手を加えたことにより、著者の意図を曲げるところがあるなら、私の責任であり、著者と読者にお詫びしたい。なお美恵子夫人と家族の皆さんには、原稿の整理など多くの協力を得ることができたし、また秋田氏の長年にわたる盟友、カメラマンの寿福滋氏をはじめ、小竹志織・辻川哲朗・中村まり子の皆さんには、写真・挿図の作成と校正に、多くの労を煩わせた。厚く御礼を申し上げたい。また、原稿の完成を辛抱強くお待ちいただき、本書の編集に尽力された、法政大学出版局の前担当松永辰郎氏、現在の担当奥田のぞみさん、そして的確な校正で製作をサポートしていただいた佐藤憲司さんには、著者にかわり御礼を申し上げる。

大橋信弥

p.205　上：曲物水溜井戸（平城京左京三条一坊七坪, 奈良文化財研究所『平城京左京三条一坊七坪』1993年）
下：曲物積み上げ井戸（滋賀県宮司遺跡，長浜市教育委員会『長浜市埋蔵文化財調査資料第41集』）

p.207　桶組井戸（福岡県大宰府史跡 , 九州歴史博物館『大宰府史跡　発掘調査概報平成元年度』1990年，65頁）

p.209　桶組井戸（滋賀県彦根城御殿跡，彦根城博物館『彦根城博物館調査報告書 I』1988年）

p.216　石組井戸（滋賀県敏満寺遺跡，滋賀県埋蔵文化財センター「敏満寺遺跡発掘調査報告書」1988年．写真提供：多賀町教育委員会）

p.217　石組井戸（山口県大内氏館遺跡，山口市教育委員会『山口市埋蔵文化財調査報告第23集　大内氏館跡 VII』1987年，67頁）

p.219　埴輪組井戸（大阪府はざみ山遺跡，藤井寺市教育委員会『石川流域遺跡群発掘調査報告 XII　藤井寺市文化財報告第15集』1997年）

p.223　羽釜積み井戸（大阪府加美遺跡，杉本厚典「加美遺跡で見つかったリサイクル井戸」『大阪市文化財情報・葦火』第96号, 2002年, 4頁）

1982 年，626 頁）

p.181　柄の長い柄杓が入ったまま出土した井戸（平城京右京二条三坊三坪，奈良市教育委員会『奈良市埋蔵文化財調査概要報告書　平成 7 年度』1996 年）

p.184–6　井戸の各形式（宇野隆夫「井戸考」『史林』第 65 巻第 5 号，1982 年，628–630 頁）

p.187　井戸枠の型式一覧（鐘方正樹『井戸の考古学』同成社，2003 年）

p.188　足掛け穴のある井戸（1・2 ＝猿貝北遺跡 1 号・2 号井戸跡，3・4 ＝城山遺跡 7 号・4 号井戸跡，鈴木孝之「古代～中近世の井戸跡について（1）――埼玉県における形態分類を中心として」『研究紀要』（埼玉県埋蔵文化財調査事業団）第 7 号，1990 年，231 頁）

p.189　螺井の平面図と断面図（東京都羽村市五ノ神熊野神社，吉村信吉『地下水』河出書房，1942 年，46 頁）

p.191　出土した丸太刳り抜き井戸実測図（奈良県法起寺旧境内，奈良県立橿原考古学研究所『奈良県遺跡調査概報第 1 分冊　1993 年度』1994 年，7 頁）

p.194　上：二人使い縦挽製材鋸（甲南町教育委員会『近江甲賀の前挽鋸』2003 年，20 頁）

下：前挽き大鋸（甲南町教育委員会編『甲南町文化財調査報告書第 5 集　近江甲賀の前挽鋸』2003 年，292 頁）

p.195　上：横板組隅柱どめ井戸断面図（奈良文化財研究所『飛鳥・藤原宮発掘調査概報 17』1987 年）

下：横板組隅柱どめ井戸（藤原宮，奈良文化財研究所『飛鳥・藤原宮発掘調査概報 17』1987 年）

p.197　横板井籠組井戸（平城京左京三条四坊七坪，奈良文化財研究所『平城京左京三条四坊七坪発掘調査概報』1980 年）

p.199　横板組井戸（藤原宮，「飛鳥・藤原宮発掘調査報告 II」『奈文研学報 31』1978 年）

p.201　八角形井戸（平城京左京四条二坊一坪，奈良文化財研究所『平城京左京四条二坊一坪発掘調査報告』1984 年）

p.203　多角形井戸（広島県草戸千軒町遺跡，広島県草戸千軒町遺跡調査研究所編『草戸千軒町遺跡発掘調査報告 V』1996 年．写真提供：広島県立歴史博物館）

と東アジア世界　海を越えた鏡と水瓶の縁』1999 年，59 頁．許可：文化庁文化財部伝統文化課）
p.134　承台付金銅製有蓋銅鋺（群馬県八幡観音塚古墳，群馬県教育委員会『群馬県埋蔵文化財調査報告書第一集　上野国八幡観音塚古墳調査報告書』．写真提供：高崎市観音塚考古資料館）
p.135　東大寺二月堂閼伽井屋（小竹志織氏撮影）
p.137　益須寺跡出土瓦（滋賀県益須寺遺跡，守山市誌編さん委員会編『守山市誌考古編』2005 年，190 頁．写真提供：守山市公文書館）
p.142　東大寺二月堂閼伽井屋平面図（奈良六大寺大観刊行会編『補訂版　奈良六大寺大観　第 12 巻』岩波書店，2000 年）
p.143　上：唐招提寺境内実測図（奈良六大寺大観刊行会編『補訂版　奈良六大寺大観　第 12 巻』岩波書店，2000 年）
下：唐招提寺の醍醐井（唐招提寺提供）
p.146　東大寺境内実測図（奈良六大寺大観刊行会編『補訂版　奈良六大寺大観　第 9 巻』岩波書店，2000 年）
p.149　三井寺の閼伽井屋と霊泉（三井寺提供）
p.153　滋賀県善水寺の誕生釈迦仏立像（滋賀県文化財保護協会ほか編『聖武天皇とその時代』2005 年，102 頁）
p.159　中世絵巻の風呂の図（「慕帰絵詞第二巻　大和菅原の僧正房覚昭の房の風呂場」『絵巻物による日本常民生活絵引第 5 巻』平凡社，1984 年，114-5 頁．許可：神奈川大学日本常民文化研究所）
p.163　曲物で水を運ぶ女（「扇面古写経」『絵巻物による日本常民生活絵引第 1 巻』平凡社，1984 年，11 頁．許可：神奈川大学日本常民文化研究所）
p.163　湯屋墨書曲物（平城京右京七条一坊十五坪，奈良市教育委員会『奈良市埋蔵文化財調査概要報告　昭和 60 年度』1987 年，3 頁）
p.167　石敷きの井戸（奈良県板蓋宮遺跡，奈良県教育委員会『奈良県史跡名勝天然記念物調査報告第 26 冊　奈良県飛鳥京跡 1』1971 年）
p.168　井戸跡実測図（奈良県板蓋宮遺跡，奈良県教育委員会『奈良県史跡名勝天然記念物調査報告第 26 冊　奈良県飛鳥京跡 1』1971 年，221 頁）
p.180　左：釣瓶復原図（平城京左京五条二坊十四坪，奈良市教育委員会『奈良市埋蔵文化財調査報告書　昭和 54 年度』1980 年，38 頁）
右：井戸の部分名称（宇野隆夫「井戸考」『史林』第 65 巻第 5 号，

文化財研究所年報 1998–I』1998 年，19 頁）
p.100　遺構配置図（群馬県三ツ寺I遺跡, 群馬県埋蔵文化財調査事業団編『上越新幹線関係埋蔵文化財発掘調査報告書第 8 集　三ツ寺I遺跡（本編）』1988 年）
p.101　熊野本宮社頭図（『和歌山県立博物館収蔵品選集　熊野』1999 年）
p.102　遺構配置図（群馬県中溝・深町遺跡，日本考古学協会 1996 年度三重大会三重県実行委員会編『水辺の祭祀』1996 年，95 頁）
p.104　湧水施設形埴輪（三重県宝塚一号墳，奈良県立橿原考古学研究所付属博物館『カミよる水のまつり』2003 年，61 頁．許可：松阪市文化財センター）
p.105　井戸形埴輪（三重県宝塚一号墳，奈良県立橿原考古学研究所付属博物館『カミよる水のまつり』2003 年，61 頁．許可：松阪市文化財センター．p.104 図の湧水施設形埴輪の内部）
p.109　導水施設（奈良県南郷大東遺跡，奈良県立橿原考古学研究所『奈良県遺跡調査概報 1994 年度第 2 分冊』1995 年）
p.110　木樋形埴輪（三重県宝塚一号墳，松阪市教育委員会編『松阪宝塚 1 号墳調査概報：船形埴輪』学生社，2001 年）
p.111　上：導水施設形埴輪（兵庫県行者塚古墳，奈良県立橿原考古学研究所付属博物館『カミよる水のまつり』2003 年，56 頁．許可：加古川市教育委員会）
下：導水施設形埴輪（三重県宝塚一号墳，奈良県立橿原考古学研究所付属博物館『カミよる水のまつり』2003 年，60 頁．許可：加松阪市文化財センター）
p.118　湧水点実測図（三重県城之越遺跡，三重県埋蔵文化財センター『三重県埋蔵文化財調査報告 99-3　城之越遺跡』1992 年）
p.119　湧水点実測図（三重県六大 A 遺跡，日本考古学協会 1996 年度三重大会三重県実行委員会編『水辺の祭祀』1996 年，78 頁）
p.123　石組み遺構実測図（奈良県上之宮遺跡，日本考古学協会 1996 年度三重大会三重県実行委員会編『水辺の祭祀』1996 年，114 頁）
p.125　石造物の全景（奈良県飛鳥池遺跡，奈良文化財研究所『奈良文化財研究所創立 50 周年記念飛鳥・藤原京展　古代律令国家の創造』2002 年．許可：明日香村教育委員会）
p.134　金銅製水瓶（群馬県綿貫観音山古墳，群馬県立博物館『観音山古墳

p.49　出土した稲の穂束（滋賀県大中の湖南遺跡，滋賀県教育委員会提供）
p.51　食糧貯蔵穴（福岡県門田遺跡，福岡県教育委員会『山陽新幹線関係埋蔵文化財調査報告第 7 集　下巻』1978 年）
p.55　ドングリピット（奈良県唐古・鍵遺跡，奈良県立橿原考古学研究所『奈良県遺跡調査概報第一分冊 1980 年度　唐古・鍵遺跡第 10・11 次発掘調査概報』1981 年）
p.56　ドングリピット実測図（山口県岩田遺跡，平生町教育委員会『岩田遺跡　山口県熊毛郡平生町』1974 年）
p.57　ドングリピット実測図（福岡県門田遺跡，福岡県教育委員会『山陽新幹線関係埋蔵文化財調査報告第 11 集』1979 年，113 頁）
p.59　木器貯蔵穴実測図（奈良県唐古・鍵遺跡，田原本町教育委員会『田原本町埋蔵文化財調査概要 6　唐古・鍵遺跡（23 次）』1988 年, 21 頁）
p.63　土坑出土の祭祀的土器（奈良県唐古遺跡，右上：田原本町教育委員会・橿原考古学研究所編『昭和 54 年度唐古・鍵遺跡第 6・7・8・9 次発掘調査概報』1980 年，15 頁．写真提供：奈良県立橿原考古学研究所付属博物館．左上・下：奈良県立橿原考古学研究所『奈良県遺跡調査概報第一分冊 1980 年度　唐古・鍵遺跡第 10・11 次発掘調査概報』1981 年）
p.65　出土した竪櫛（大阪府大園遺跡，大阪府教育委員会『大園遺跡発掘調査概要 VI　第 2 阪和国道建設に伴う発掘調査』1981 年）
p.69　井戸跡・井戸状遺構実測図（岩手県柳之御所跡，岩手県文化振興事業団埋蔵文化財センター『岩手県文化振興事業団埋蔵文化財調査報告書第 228 集　柳之御所跡』1995 年）
p.71　弥生時代の井戸（滋賀県二の畦・横枕遺跡，守山市誌編さん委員会編『守山市誌考古編』2005 年, 49 頁．写真提供：守山市教育委員会）
p.75　銅鐸が入れ子に埋納されていた状況の復元（野洲町立歴史民俗資料館編『大岩山出土銅鐸図録』31 頁．許可：滋賀県埋蔵文化財センター．写真提供：野洲市歴史民俗博物館）
p.79　高島市朽木大宮神社の湯立神事（寿福滋氏提供）
p.91　祭祀空間実測図（大阪府池上曾根遺跡，池上曾根遺跡史跡指定 20 周年記念事業実行委員会編『弥生の環濠都市と巨大神殿』1996 年）
p.93　大型堀立柱建物の復原立面図（大阪府池上曾根遺跡，浅川滋男「太陽にむかう舟　池上曾根遺跡・大型掘立柱建物の復原」『奈良国立

# 図 版 一 覧

p.v　現在も使用されている井戸（近江商人・外村宇兵衛邸．東近江市五個荘町，寿福滋氏提供）

p.vii　現在も使用されている井戸（近江商人・藤井彦四郎邸．東近江市五個荘町，寿福滋氏提供）

p.3　縄文時代の水場遺構実測図（埼玉県赤山陣屋遺跡，佐々木由香「縄文時代の「水場遺構」に関する基礎的研究」『古代』（早稲田大学考古学会）第108号，2000年，104頁）

p.5　十王水（彦根市西今町に所在する湧水，寿福滋氏提供）

p.8　丸太刳り抜き井戸（大阪府池上曽根遺跡，和泉市教育委員会『史跡池上曽根遺跡保存整備事業報告書第1分冊』2000年）

p.9　石敷き遺構を持つ井戸（平城京左京一条三坊十三坪，奈良市教育委員会『奈良市文化財調査概要報告書平成11年度』2001年，56頁）

p.11　奈良時代の井戸跡実測図（佐賀県吉野ケ里遺跡，佐賀県教育庁文化課編『佐賀県文化財調査報告書第113集　吉野ケ里』1992-1994年，275頁）

p.13　環濠集落の全景（神奈川県大塚遺跡，横浜市ふるさと歴史財団埋蔵文化財センター『大塚遺跡 港北ニュータウン地域内埋蔵文化財調査報告 XII』1999年）

p.21　井戸跡の掘削深度・規模グラフ（長野県石川条里遺跡，長野県教育委員会ほか『中央自動車道長野線埋蔵文化財発掘調査報告書15　石川条里遺跡第三分冊』1997年，67頁）

p.29　佐賀平野の井戸跡実測図（佐賀県教育委員会『佐賀県文化財調査報告書第80集』1985年，87頁）

p.33　屋久杉の年輪の炭素同位体比から明らかとなった歴史時代の気温変動（安田喜憲『気候変動の文明史』NTT出版，2004年）

p.36　井戸跡配置図（福岡県比恵遺跡，福岡市教育委員会『福岡市埋蔵文化財調査報告書第174集』1988年，19頁）

p.37　井戸跡実測図（福岡県比恵遺跡，福岡市教育委員会『福岡市埋蔵文化財調査報告書第174集』1988年，70頁）

著者略歴

**秋田裕毅**（あきた　ひろき）

1943年生まれ．立命館大学大学院修士課程終了．日本文化史専攻．滋賀県立近江風土記の丘資料館・滋賀県埋蔵文化財センターに勤務．2006年8月死去．著書：『開かれた風景：近江の風土と文化』（サンブライト出版，1983年），『織田信長と安土城』（創元社，1990年），『神になった織田信長』（小学館，1992年），『びわ湖湖底遺跡の謎：びわ湖一万年の水位変動』（創元社，1997年），『下駄：神のはきもの』（法政大学出版局，2002年）

編者略歴

**大橋信弥**（おおはし　のぶや）

1945年生まれ．立命館大学大学院修士課程修了．日本古代史・考古学専攻．現在，滋賀県立安土城考古博物館学芸課長．著書：『日本古代国家の成立と息長氏』（吉川弘文館，1984年），『日本古代の王権と氏族』（吉川弘文館，1996年），『古代豪族と渡来人』（吉川弘文館，2004年），『継体天皇と即位の謎』（吉川弘文館，2007年）

ものと人間の文化史　150・井戸

2010年3月6日　　初版第1刷発行


編　者　　大橋信弥
発行所　財団法人 法政大学出版局
〒102-0073 東京都千代田区九段北3-2-7
電話 03(5214)5540　振替 00160-6-95814
整版・緑営舎 /印刷・平文社 /製本・誠製本

Printed in Japan

ISBN978-4-588-21501-8

## ものと人間の文化史　★第9回梓会出版文化賞受賞

人間が〈もの〉とのかかわりを通じて営々と築いてきた暮らしの足跡を具体的に辿りつつ文化・文明の基礎を問いなおす。手づくりの〈もの〉の記憶が失われ、〈もの〉離れが進行する危機の時代におくる豊穣な百科叢書。

1 **船** 須藤利一編

海国日本では古来、漁業・水運・交易はもとより、大陸文化も船によって運ばれた。本書は造船技術、航海の模様の推移を中心に、漂流、船霊信仰、伝説の数々を語る。四六判３６８頁 '68

2 **狩猟** 直良信夫

人類の歴史は狩猟から始まった。本書は、わが国の遺跡に出土する獣骨、猟具の実証的考察をおこないながら、狩猟をつうじて発展した人間の知恵と生活の軌跡を辿る。四六判２７２頁 '68

3 **からくり** 立川昭二

〈からくり〉は自動機械であり、驚嘆すべき庶民の技術的創意がこめられている。本書は、日本と西洋のからくりを発掘・復元・遍歴し、埋もれた技術の水脈をさぐる。四六判４１０頁 '69

4 **化粧** 久下司

美を求める人間の心が生みだした化粧―その手法と道具に語らせた人間の欲望と本性、そして社会関係。歴史を遡り、全国を踏査して書かれた比類ない美と醜の文化史。四六判３６８頁 '70

5 **番匠** 大河直躬

番匠はわが国中世の建築工匠。地方・在地を舞台に開花した彼らの造型・装飾・工法等の諸技術、さらに信仰と生活等、職人以前の独自で多彩な工匠的世界を描き出す。四六判２８８頁 '71

6 **結び** 額田巌

〈結び〉の発達は人間の叡知の結晶である。本書はその諸形態および技法を作業・装飾・象徴の三つの系譜に辿り、〈結び〉のすべてを民俗学的・人類学的に考察する。四六判２６４頁 '72

7 **塩** 平島裕正

人類史に貴重な役割を果たしてきた塩をめぐって、発見から伝承・製造技術の発展過程にいたる総体を歴史的に描き出すとともに、その多彩な効用と味覚の秘密を解く。四六判２７２頁 '73

8 **はきもの** 潮田鉄雄

田下駄・かんじき・わらじなど、日本人の生活の礎となってきた伝統的はきものの成り立ちと変遷を、二〇年余の実地調査と細密な観察・描写によって辿る庶民生活史　四六判２８０頁 '73

9 **城** 井上宗和

古代城塞・城柵から近世代名の居城として集大成されるまでの日本の城の変遷を辿り、文化の各領野で果たしてきたその役割を再検討。あわせて世界城郭史に位置づける。四六判３１０頁 '73

10 **竹** 室井綽

食生活、建築、民芸、造園、信仰等々にわたって、竹と人間との交流史は驚くほど深く永い。その多岐にわたる発展の過程を個々に辿り、竹の特異な性格を浮彫にする。四六判３２４頁 '73

11 **海藻** 宮下章

古来日本人にとって生活必需品とされてきた海藻をめぐって、その採取・加工法の変遷、商品としての流通史および神事・祭事での役割に至るまでを歴史的に考証する。四六判３３０頁 '74

12 **絵馬** 岩井宏實
古くは祭礼における神への献馬にはじまり、民間信仰と絵画のみごとな結晶として民衆の手で描かれ祀り伝えられてきた各地の絵馬を豊富な写真と史料によってたどる。四六判302頁 '74

13 **機械** 吉田光邦
畜力・水力・風力などの自然のエネルギーを利用し、幾多の改良を経て形成された初期の機械の歩みを検証し、日本文化の形成における科学・技術の役割を再検討する。四六判242頁 '74

14 **狩猟伝承** 千葉徳爾
狩猟には古来、感謝と慰霊の祭祀がともない、人獣交渉の豊かで意味深い歴史があった。狩猟用具、巻物、儀式具、またけものたちの生態を通して語る狩猟文化の世界。四六判346頁 '75

15 **石垣** 田淵実夫
採石から運搬、加工、石積みに至るまで、石垣の造成をめぐって積み重ねられてきた石工たちの苦闘の足跡を掘り起こし、その独自な技術の形成過程と伝承を集成する。四六判224頁 '75

16 **松** 高嶋雄三郎
日本人の精神史に深く根をおろした松の伝承に光を当て、食用、薬用等の実用の松、祭祀・観賞用の松、さらに文学・芸能・美術に表現された松のシンボリズムを説く。四六判342頁 '75

17 **釣針** 直良信夫
人と魚との出会いから現在に至るまで、釣針がたどった一万有余年の変遷を、世界各地の遺跡出土物を通して実証しつつ、漁撈によって生きた人々の生活と文化を探る。四六判278頁 '76

18 **鋸** 吉川金次
鋸鍛冶の家に生まれ、鋸の研究を生涯の課題とする著者が、出土遺品や文献・絵画により各時代の鋸を復元・実験し、庶民の手仕事にみられる驚くべき合理性を実証する。四六判360頁 '76

19 **農具** 飯沼二郎／堀尾尚志
鍬と犂の交代・進化の歩みとして発達したわが国農耕文化の発展経過を世界史的視野において再検討しつつ、無名の農民たちによる驚くべき創意のかずかずを記録する。四六判220頁 '76

20 **包み** 額田巖
結びとともに文化の起源にかかわる〈包み〉の系譜を人類史的視野において捉え、衣・食・住をはじめ社会・経済史、信仰、祭事などにおけるその実際と役割とを描く。四六判354頁 '77

21 **蓮** 阪本祐二
仏教における蓮の象徴的位置の成立と深化、美術・文芸等に見る人間とのかかわりを歴史的に考察。また大賀蓮はじめ多様な品種とその来歴を紹介しつつその美を語る。四六判306頁 '77

22 **ものさし** 小泉袈裟勝
ものをつくる人間にとって最も基本的な道具であり、数千年にわたって社会生活を律してきたその変遷を実証的に追求し、歴史の中で果たしてきた役割を浮彫りにする。四六判314頁 '77

23-I **将棋I** 増川宏一
その起源を古代インドに、我国への伝播の道すじを海のシルクロードに探り、また伝来後一千年におよぶ日本将棋の変化と発展を盤、駒、ルール等にわたって跡づける。四六判280頁 '77

23-Ⅱ 将棋Ⅱ 増川宏一
わが国伝来後の普及と変遷を貴族や武家・豪商の日記等に博捜し、遊戯者の歴史をあとづけると共に、中国伝来説の誤りを正し、将棋宗家の位置と役割を明らかにする。 四六判346頁 '85

24 湿原祭祀 第2版 金井典美
古代日本の自然環境に着目し、各地の湿原聖地を稲作社会との関連において捉え直して古代国家成立の背景を浮彫にしつつ、水と植物にまつわる日本人の宇宙観を探る。 四六判410頁 '77

25 臼 三輪茂雄
臼が人類の生活文化の中で果たしてきた役割を、各地に遺る貴重な民俗資料・伝承と実地調査にもとづいて解明。失われゆく道具のなかに、未来の生活文化の姿を探る。 四六判412頁 '78

26 河原巻物 盛田嘉徳
中世末期以来の被差別部落民が生きる権利を守るために偽作し護り伝えてきた河原巻物を全国にわたって踏査し、そこに秘められた最底辺の人びとの叫びに耳を傾ける。 四六判226頁 '78

27 香料 日本のにおい 山田憲太郎
焼香供養の香から趣味としての薫物へ、さらに沈香木を焚く香道へと変遷した日本の「匂い」の歴史を豊富な史料に基づいて辿り、我国風俗史の知られざる側面を描く。 四六判370頁 '78

28 神像 神々の心と形 景山春樹
神仏習合によって変貌しつつも、常にその原型＝自然を保持してきた日本の神々の造型を図像学的方法によって捉え直し、その多彩な形象に日本人の精神構造をさぐる。 四六判342頁 '78

29 盤上遊戯 増川宏一
祭具・占具としての発生を『死者の書』をはじめとする古代の文献にさぐり、形状・遊戯法を分類しつつその〈進化〉の過程を考察。〈遊戯者たちの歴史〉をも跡づける。 四六判326頁 '78

30 筆 田淵実夫
筆の里・熊野に筆づくりの現場を訪ねて、筆匠たちの境涯と製筆の由来を克明に記録しつつ、筆の発生と変遷、種類、製筆法、さらには筆塚、筆供養にまで説きおよぶ。 四六判204頁 '78

31 ろくろ 橋本鉄男
日本の山野を漂移しつづけ、高度の技術文化と幾多の伝説とをもたらした特異な旅職集団＝木地屋の生態を、その呼称、地名、伝承、文書等をもとに生き生きと描く。 四六判460頁 '79

32 蛇 吉野裕子
日本古代信仰の根幹をなす蛇巫をめぐって、祭事におけるさまざまな蛇の「もどき」や各種の蛇の造型・伝承に鋭い考証を加え、忘れられたその呪性を大胆に暴き出す。 四六判250頁 '79

33 鋏（はさみ） 岡本誠之
梃子の原理の発見から鋏の誕生に至る過程を推理し、日本鋏の特異な歴史的位置を明らかにするとともに、刀鍛冶等から転進した鋏職人たちの創意と苦闘の跡をたどる。 四六判396頁 '79

34 猿 廣瀬鎮
嫌悪と愛玩、軽蔑と畏敬の交錯する日本人とサルとの関わりあいの歴史を、狩猟伝承や祭祀・風習、美術・工芸や芸能のなかに探り、日本人の動物観を浮彫りにする。 四六判292頁 '79

35 鮫　矢野憲一
神話の時代から今日まで、津々浦々につたわるサメの伝承とサメをめぐる海の民俗を集成し、神饌、食用、薬用等に活用されてきたサメと人間のかかわりの変遷を描く。四六判292頁 '79

36 枡　小泉袈裟勝
米の経済の枢要をなす器として千年余にわたり日本人の生活の中に生きてきた枡の変遷をたどり、記録・伝承をもとにこの独特な計量器が果たした役割を再検討する。四六判322頁 '80

37 経木　田中信清
食品の包装材料として近年まで身近に存在した経木の起源を、こけら経や塔婆、木簡、屋根板等に遡って明らかにし、その製造・流通に携った人々の労苦の足跡を辿る。四六判288頁 '80

38 色　染と色彩　前田雨城
わが国古代の染色技術の復元と文献解読をもとに日本色彩史を体系づけ、赤・白・青・黒等におけるわが国独自の色彩感覚を探りつつ日本文化における色の構造を解明。四六判320頁 '80

39 狐　陰陽五行と稲荷信仰　吉野裕子
その伝承と文献を渉猟しつつ、中国古代哲学＝陰陽五行の原理の応用という独自の視点から、謎とされてきた稲荷信仰と狐との密接な結びつきを明快に解き明かす。四六判232頁 '80

40-Ⅰ 賭博Ⅰ　増川宏一
時代、地域、階層を超えて連綿と行なわれてきた賭博。――その起源を古代の神判、スポーツ、遊戯等の中に探り、抑圧と許容の歴史を物語る。全Ⅲ分冊の〈総説篇〉。四六判298頁 '80

40-Ⅱ 賭博Ⅱ　増川宏一
古代インド文学の世界からラスベガスまで、賭博の形態・用具・方法の時代的特質を明らかにし、夥しい禁令に賭博の不滅のエネルギーを見る。全Ⅲ分冊の〈外国篇〉。四六判456頁 '82

40-Ⅲ 賭博Ⅲ　増川宏一
聞香、闘茶、笠附等、わが国独特の賭博を中心にその具体例を網羅し、方法の変遷に賭博の時代性を探りつつ禁令の改廃に時代の賭博観を追う。全Ⅲ分冊の〈日本篇〉。四六判388頁 '83

41-Ⅰ 地方仏Ⅰ　むしゃこうじ・みのる
古代から中世にかけて全国各地で作られた無銘の仏像を訪ね、素朴で多様なノミの跡に民衆の祈りと地域の願望を探る。宗教の伝播、文化の創造を考える異色の紀行。四六判256頁 '80

41-Ⅱ 地方仏Ⅱ　むしゃこうじ・みのる
紀州や飛驒を中心に草の根の仏たちを訪ねて、その相好と像容の魅力を探り、技法を比較考証して仏像彫刻史に位置づけつつ、中世地域社会の形成と信仰の実態に迫る。四六判260頁 '97

42 南部絵暦　岡田芳朗
田山・盛岡地方で「盲暦」として古くから親しまれてきた独得の絵解き暦を詳しく紹介しつつその全体像を復元する。その無類の生活暦は、南部農民の哀歓をつたえる。四六判288頁 '80

43 野菜　在来品種の系譜　青葉高
蕪、大根、茄子等の日本在来野菜をめぐって、その渡来・伝播経路、品種分布と栽培のいきさつを各地の伝承や古記録をもとに辿り、畑作文化の源流とその風土を描く。四六判368頁 '81

44 つぶて　中沢厚
弥生投弾、古代・中世の石戦と印地の様相、投石具の発達を展望しつつ、願かけの小石、正月つぶて、石こづみ等の習俗を辿り、石塊に託した民衆の願いや怒りを探る。四六判338頁 '81

45 壁　山田幸一
弥生時代から明治期に至るわが国の壁の変遷を壁塗＝左官工事の側面から辿り直し、その技術的復元・考証を通じて建築史・文化史における壁の役割を浮き彫りにする。四六判296頁 '81

46 簞笥（たんす）　小泉和子
近世における簞笥の出現＝箱から抽斗への転換に着目し、以降近現代に至るその変遷を社会・経済・技術の側面からあとづける。著者自身による簞笥製作の記録を付す。四六判378頁 '82

47 木の実　松山利夫
山村の重要な食糧資源であった木の実をめぐる各地の記録・伝承を集成し、その採集・加工における幾多の試みを実地に検証しつつ、稲作農耕以前の食生活文化を復元。四六判384頁 '82

48 秤（はかり）　小泉袈裟勝
秤の起源を東西に探るとともに、わが国律令制下における中国制度の導入、近世商品経済の発展に伴う秤座の出現、明治期近代化政策による洋式秤受容等の経緯を描く。四六判326頁 '82

49 鶏（にわとり）　山口健児
神話・伝説をはじめ遠い歴史の中の鶏を古今東西の伝承・文献に探り、特に我国の信仰・絵画・文学等に遺された鶏の足跡を追って、鶏をめぐる民俗の記憶を蘇らせる。四六判346頁 '83

50 燈用植物　深津正
人類が燈火を得るために用いてきた多種多様な植物との出会いと個々の植物の来歴、特性及びはたらきを詳しく検証しつつ「あかり」の原点を問いなおす異色の植物誌。四六判442頁 '83

51 斧・鑿・鉋（おの・のみ・かんな）　吉川金次
古墳出土品や文献・絵画をもとに、古代から現代までの斧・鑿・鉋を復元・実験し、労働体験によって生まれた民衆の知恵と道具の変遷を蘇らせる異色の日本木工具史。四六判304頁 '84

52 垣根　額田巌
大和・山辺の道に神々と垣との関わりを探り、各地に垣の伝承を訪ねて、寺院の垣、民家の垣、露地の垣など、風土と生活に培われた生垣の独特のはたらきと美を描く。四六判234頁 '84

53-Ⅰ 森林Ⅰ　四手井綱英
森林生態学の立場から、森林のなりたちとその生活史を辿りつつ、産業の発展と消費社会の拡大により刻々と変貌する森林の現状を語り、未来への再生のみちをさぐる。四六判306頁 '85

53-Ⅱ 森林Ⅱ　四手井綱英
森林と人間との多様なかかわりを包括的に語り、人と自然が共生するための森や里山をいかにして創出するか、森林再生への具体的な方策を提示する21世紀への提言。四六判308頁 '98

53-Ⅲ 森林Ⅲ　四手井綱英
地球規模で進行しつつある森林破壊の現状を実地に踏査し、森と人が共存する日本人の伝統的自然観を未来へ伝えるために、いま何が必要なのかを具体的に提言する。四六判304頁 '00

54 **海老**（えび） 酒向昇
人類との出会いからエビの科学、漁法、さらには調理法を語り、めでたい姿態と色彩にまつわる多彩なエビの民俗を、地名や人名、詩歌・文学、絵画や芸能の中に探る。四六判４２８頁 '85

55-Ⅰ **藁**（わら）Ⅰ 宮崎清
稲作農耕とともに二千年余の歴史をもち、日本人の全生活領域に生きてきた藁の文化を日本文化の原型として捉え、風土に根ざしたそのゆたかな遺産を詳細に検討する。四六判４００頁 '85

55-Ⅱ **藁**（わら）Ⅱ 宮崎清
床・畳から壁・屋根にいたる住居における藁の製作・使用のメカニズムを明らかにし、日本人の生活空間における藁の役割を見なおすとともに、藁の文化の復権を説く。四六判４００頁 '85

56 **鮎** 松井魁
清楚な姿態と独特な味覚によって、日本人の目と舌を魅了しつづけてきたアユ——その形態と分布、生態、漁法等を詳述し、古今のアユ料理や文芸にみるアユにおよぶ。四六判２９６頁 '86

57 **ひも** 額田巌
物と物、人と物とを結びつける不思議な力を秘めた「ひも」の謎を追って、民俗学的視点から多角的なアプローチを試みる。『結び』、『包み』につづく三部作の完結篇。四六判２５０頁 '86

58 **石垣普請** 北垣聰一郎
近世石垣の技術者集団「穴太」の足跡を辿り、各地城郭の石垣遺構の実地調査と資料・文献をもとに石垣普請の歴史的系譜を復元しつつ石工たちの技術伝承を集成する。四六判４３８頁 '87

59 **碁** 増川宏一
その起源を古代の盤上遊戯に探ると共に、定着以来二千年の歴史を時代の状況や遊び手の社会環境との関わりにおいて跡づける。逸話や伝説を排して綴る初の囲碁全史。四六判３６６頁 '87

60 **日和山**（ひよりやま） 南波松太郎
千石船の時代、航海の安全のために観天望気した日和山——多くは忘れられ、あるいは失われた船舶・航海史の貴重な遺跡を追って、全国津々浦々におよんだ調査紀行。四六判３８２頁 '88

61 **篩**（ふるい） 三輪茂雄
臼とともに人類の生産活動に不可欠な道具であった篩、箕(み)、笊(ざる)の多彩な変遷を豊富な図解入りでたどり、現代技術の先端に再生するまでの歩みをえがく。四六判３３４頁 '89

62 **鮑**（あわび） 矢野憲一
縄文時代以来、貝肉の美味と貝殻の美しさによって日本人を魅了し続けてきたアワビ——その生態と養殖、神饌としての歴史、漁法、螺鈿の技法からアワビ料理に及ぶ。四六判３４４頁 '89

63 **絵師** むしゃこうじ・みのる
日本古代の渡来画工から江戸前期の菱川師宣まで、時代の代表的絵師の列伝で辿る絵画制作の文化史。前近代社会における絵画の意味や芸術創造の社会的条件を考える。四六判２３０頁 '90

64 **蛙**（かえる） 碓井益雄
動物学の立場からその特異な生態を描き出すとともに、和漢洋の文献資料を駆使して故事・習俗・神事・民話・文芸・美術工芸にわたる蛙の多彩な活躍ぶりを活写する。四六判３８２頁 '89

65－Ⅰ 藍（あい）Ⅰ 風土が生んだ色 竹内淳子

全国各地の〈藍の里〉を訪ねて、藍栽培から染色・加工のすべてにわたり、藍とともに生きた人々の伝承を克明に描き、風土と人間が生んだ〈日本の色〉の秘密を探る。四六判416頁 '91

65－Ⅱ 藍（あい）Ⅱ 暮らしが育てた色 竹内淳子

日本の風土に生まれ、伝統に育てられた藍が、今なお暮らしの中で生き生きと活躍しているさまを、手わざに生きる人々との出会いを通じて描く。藍の里紀行の続篇。四六判406頁 '99

66 橋 小山田了三

丸木橋・舟橋・吊橋から板橋・アーチ型石橋まで、人々に親しまれてきた各地の橋を訪ねて、その来歴と築橋の技術伝承を辿り、土木文化の伝播・交流の足跡をえがく。四六判312頁 '91

67 箱 宮内悊

日本の伝統的な箱（櫃）と西欧のチェストを比較文化史の視点から考察し、居住・収納・運搬・装飾の各分野における箱の重要な役割とその多彩な文化を浮彫りにする。四六判390頁 '91

68－Ⅰ 絹Ⅰ 伊藤智夫

養蚕の起源を神話や説話に探り、伝来の時期とルートを跡づけ、記紀・万葉の時代から近世に至るまで、それぞれの時代・社会・階層が生み出した絹の文化を描き出す。四六判304頁 '92

68－Ⅱ 絹Ⅱ 伊藤智夫

生糸と絹織物の生産と輸出が、わが国の近代化にはたした役割を描くと共に、養蚕の道具、信仰や庶民生活にわたる養蚕と絹の民俗、さらには蚕の種類と生態におよぶ。四六判294頁 '92

69 鯛（たい） 鈴木克美

古来「魚の王」とされてきた鯛をめぐって、その生態・味覚から漁法、祭り、工芸、文芸にわたる多彩な伝承文化を語りつつ、鯛と日本人とのかかわりの原点をさぐる。四六判418頁 '92

70 さいころ 増川宏一

古代神話の世界から近現代の博徒の動向まで、さいころの役割を各時代・社会に位置づけ、木の実や貝殻のさいころから投げ棒型や立方体のさいころへの変遷をたどる。四六判374頁 '92

71 木炭 樋口清之

炭の起源から炭焼、流通、経済、文化にわたる木炭の歩みを歴史・考古・民俗の知見を総合して描き出し、独自で多彩な文化を育んできた木炭の尽きせぬ魅力を語る。四六判296頁 '93

72 鍋・釜（なべ・かま） 朝岡康二

日本をはじめ韓国、中国、インドネシアなど東アジアの各地を歩きながら鍋・釜の製作と使用の現場に立ち会い、調理をめぐる庶民生活の変遷とその交流の足跡を探る。四六判326頁 '93

73 海女（あま） 田辺悟

その漁の実際と社会組織、風習、信仰、民具などを克明に描くとともに海女の起源・分布・交流を探り、わが国漁撈文化の古層としての海女の生活と文化をあとづける。四六判294頁 '93

74 蛸（たこ） 刀禰勇太郎

蛸をめぐる信仰や多彩な民間伝承を紹介するとともに、その生態・分布・捕獲法・繁殖と保護・調理法などを集成し、日本人と蛸との知られざるかかわりの歴史を探る。四六判370頁 '94

75 曲物（まげもの） 岩井宏實

桶・樽出現以前から伝承され、古来最も簡便・重宝な木製容器として愛用された曲物の加工技術と機能・利用形態の変遷をさぐり、手づくりの「木の文化」を見なおす。四六判318頁 '94

76-I 和船I 石井謙治

江戸時代の海運を担った千石船（弁才船）について、その構造と技術、帆走性能を綿密に調査し、通説の誤りを正すとともに、海難と信仰、船絵馬等の考察にもおよぶ。四六判436頁 '95

76-II 和船II 石井謙治

造船史から見た著名な船を紹介し、遣唐使船や遣欧使節船、幕末の洋式船における外国技術の導入について論じつつ、船の名称と船型を海船・川船にわたって解説する。四六判316頁 '95

77-I 反射炉I 金子功

日本初の佐賀鍋島藩の反射炉と精練方＝理化学研究所、島津藩の反射炉と集成館＝近代工場群を軸に、日本の産業革命の時代における人と技術を現地に訪ねて発掘する。四六判244頁 '95

77-II 反射炉II 金子功

伊豆韮山の反射炉をはじめ、全国各地の反射炉建設にかかわった有名無名の人々の足跡をたどり、開国か攘夷かに揺れる幕末の政治と社会の悲喜劇をも生き生きと描く。四六判226頁 '95

78-I 草木布（そうもくふ）I 竹内淳子

風土に育まれた布を求めて全国各地を歩き、木綿普及以前に山野の草木を利用して豊かな衣生活文化を築き上げてきた庶民の知られざる知恵のかずかずを実地にさぐる。四六判282頁 '95

78-II 草木布（そうもくふ）II 竹内淳子

アサ、クズ、シナ、コウゾ、カラムシ、フジなどの草木の繊維から、どのようにして糸を採り、布を織っていたのか——聞書きをもとに忘れられた技術と文化を発掘する。四六判282頁 '95

79-I すごろくI 増川宏一

古代エジプトのセネト、ヨーロッパのバクギャモン、中近東のナルド、中国の双陸などの系譜に日本の盤雙六を位置づけ、遊戯・賭博としてのその数奇なる運命を辿る。四六判312頁 '95

79-II すごろくII 増川宏一

ヨーロッパの鵞鳥のゲームから日本中世の浄土双六、近世の華麗な絵双六、さらには近現代の少年誌の附録まで、絵双六の変遷を追って時代の社会・文化を読みとる。四六判390頁 '95

80 パン 安達巖

古代オリエントに起ったパン食文化が中国・朝鮮を経て弥生時代の日本に伝えられたことを史料と伝承をもとに解明し、わが国パン食文化二〇〇〇年の足跡を描き出す。四六判260頁 '96

81 枕（まくら） 矢野憲一

神さまの枕・大嘗祭の枕から枕絵の世界まで、人生の三分の一を共に過す枕をめぐって、その材質の変遷を辿り、伝説と怪談、俗信と民俗、エピソードを興味深く語る。四六判252頁 '96

82-I 桶・樽（おけ・たる）I 石村真一

日本、中国、朝鮮、ヨーロッパにわたる厖大な資料を集成してその豊かな文化の系譜を探り、東西の木工技術史を比較しつつ世界史的視野から桶・樽の文化を描き出す。四六判388頁 '97

82–Ⅱ **桶・樽**（おけ・たる）**Ⅱ** 石村真一

多数の調査資料と絵画・民俗資料をもとにその製作技術を復元し、東西の木工技術を比較考証しつつ、技術文化史の視点から桶・樽製作の実態とその変遷を跡づける。 四六判３７２頁 '97

82–Ⅲ **桶・樽**（おけ・たる）**Ⅲ** 石村真一

樹木と人間とのかかわり、製作者と消費者とのかかわりを通じて桶樽と生活文化の変遷を考察し、木材資源の有効利用という視点から桶樽の文化史的役割を浮彫にする。 四六判３５２頁 '97

83–Ⅰ **貝Ⅰ** 白井祥平

世界各地の現地調査と文献資料を駆使して、古来至高の財宝とされてきた宝貝のルーツとその変遷を探り、貝と人間とのかかわりの歴史を「貝貨」の文化史として描く。 四六判３８６頁 '97

83–Ⅱ **貝Ⅱ** 白井祥平

サザエ、アワビ、イモガイなど古来人類とかかわりの深い貝をめぐって、その生態・分布・地方名、装身具や貝貨としての利用法などを豊富なエピソードを交えて語る。 四六判３２８頁 '97

83–Ⅲ **貝Ⅲ** 白井祥平

シンジュガイ、ハマグリ、アカガイ、シャコガイなどをめぐって世界各地の民族誌を渉猟し、それらが人類文化に残した足跡を辿る。参考文献一覧／総索引を付す。 四六判３９２頁 '97

84 **松茸**（まつたけ） 有岡利幸

秋の味覚として古来珍重されてきた松茸の由来を求めて、稲作文化と里山（松林）の生態系から説きおこし、日本人の伝統的生活文化の中に松茸流行の秘密をさぐる。 四六判２９６頁 '97

85 **野鍛冶**（のかじ） 朝岡康二

鉄製農具の製作・修理・再生を担ってきた農鍛冶の歴史的役割を探り、近代化の大波の中で変貌する職人技術の実態をアジア各地のフィールドワークを通して描き出す。 四六判２８０頁 '98

86 **稲** 品種改良の系譜 菅 洋

作物としての稲の誕生、稲の渡来と伝播の経緯から説きおこし、明治以降主として庄内地方の民間育種家の手によって飛躍的発展をとげたわが国品種改良の歩みを描く。 四六判３３２頁 '98

87 **橘**（たちばな） 吉武利文

永遠のかぐわしい果実として日本の神話・伝説に特別の位置を占めて語り継がれてきた橘をめぐって、その育まれた風土とかずかずの伝承の中に日本文化の特質を探る。 四六判２８６頁 '98

88 **杖**（つえ） 矢野憲一

神の依代としての杖や仏教の錫杖に杖と信仰とのかかわりを探り、人類が突きつつ歩んだその歴史と民俗を興味ぶかく語る。多彩な材質と用途を網羅した杖の博物誌。 四六判３１４頁 '98

89 **もち**（糯・餅） 渡部忠世／深澤小百合

モチイネの栽培・育種から食品加工、民俗、儀礼にわたってそのルーツと伝承の足跡をたどり、アジア稲作文化という広範な視野からこの特異な食文化の謎を解明する。 四六判３３０頁 '98

90 **さつまいも** 坂井健吉

その栽培の起源と伝播経路を跡づけるとともに、わが国伝来後四百年の経緯を詳細にたどり、世界に冠たる育種と栽培・利用法を築いた人々の知られざる足跡をえがく。 四六判３２８頁 '99

91 珊瑚（さんご） 鈴木克美
海岸の自然保護に重要な役割を果たす岩石サンゴから宝飾品として知られる宝石サンゴまで、人間生活と深くかかわってきたサンゴの多彩な姿を人類文化史として描く。四六判370頁 '99

92-Ⅰ 梅Ⅰ 有岡利幸
万葉集、源氏物語、五山文学などの古典や天神信仰に表れた梅の足跡を克明に辿りつつ日本人の精神史に刻印された梅を浮彫にし、梅と日本人の二〇〇〇年史を描く。四六判274頁 '99

92-Ⅱ 梅Ⅱ 有岡利幸
その植生と栽培、伝承、梅の名所や鑑賞法の変遷から戦前の国定教科書に表れた梅まで、梅と日本人との多彩なかかわりを探り、桜との対比において梅の文化史を描く。四六判338頁 '99

93 木綿口伝（もめんくでん） 第2版 福井貞子
老女たちからの聞書を経糸とし、厖大な遺品・資料を緯糸として、母から娘へと幾代にも伝えられた手づくりの木綿文化を掘り起し、近代の木綿の盛衰を描く。増補版 四六判336頁 '00

94 合せもの 増川宏一
「合せる」には古来、一致させるの他に、競う、闘う、比べる等の意味があった。貝合せや絵合せ等の遊戯・賭博を中心に、広範な人間の営みを「合せる」行為に辿る。四六判300頁 '00

95 野良着（のらぎ） 福井貞子
明治初期から昭和四〇年までの野良着を収集・分類・整理し、それらの用途と年代、形態、材質、重量、呼称などを精査して、働く庶民の創意にみちた生活史を描く。四六判292頁 '00

96 食具（しょくぐ） 山内昶
東西の食文化に関する資料を渉猟し、食法の違いを人間の自然に対するかかわり方の違いとして捉えつつ、食具を人間と自然をつなぐ基本的な媒介物として位置づける。四六判292頁 '00

97 鰹節（かつおぶし） 宮下章
黒潮からの贈り物・カツオの漁法から鰹節の製法や食法、商品としての流通までを歴史的に展望するとともに、沖縄やモルジブ諸島の調査をもとにそのルーツを探る。四六判382頁 '00

98 丸木舟（まるきぶね） 出口晶子
先史時代から現代の高度文明社会まで、もっとも長期にわたり使われてきた刳り舟に焦点を当て、その技術伝承を辿りつつ、森や水辺の文化の広がりと動態をえがく。四六判324頁 '01

99 梅干（うめぼし） 有岡利幸
日本人の食生活に不可欠の自然食品・梅干をつくりだした先人たちの知恵に学ぶとともに、健康増進に驚くべき薬効を発揮する、その知られざるパワーの秘密を探る。四六判300頁 '01

100 瓦（かわら） 森郁夫
仏教文化と共に中国・朝鮮から伝来し、一四〇〇年にわたり日本の建築を飾ってきた瓦をめぐって、発掘資料をもとにその製造技術、形態、文様などの変遷をたどる。四六判320頁 '01

101 植物民俗 長澤武
衣食住から子供の遊びまで、幾世代にも伝承された植物をめぐる暮らしの知恵を克明に記録し、高度経済成長期以前の農山村の豊かな生活文化を愛惜をこめて描き出す。四六判348頁 '01

102 **箸**（はし）　向井由紀子／橋本慶子

そのルーツを中国、朝鮮半島に探るとともに、日本人の食生活に不可欠の食具となり、日本文化のシンボルとされるまでに洗練された箸の文化の変遷を総合的に描く。　四六判３３４頁 '01

103 **採集**　ブナ林の恵み　赤羽正春

縄文時代から今日に至る採集・狩猟民の暮らしを復元し、動物の生態系と採集生活の関連を明らかにしつつ、民俗学と考古学の両面から山に生かされた人々の姿を描く。　四六判２９８頁 '01

104 **下駄**　神のはきもの　秋田裕毅

古墳や井戸等から出土する下駄に着目し、下駄が地上と地下の他界を結ぶ聖なるはきものであったという大胆な仮説を提出、日本の神々の忘れられた側面を浮彫にする。　四六判３０４頁 '02

105 **絣**（かすり）　福井貞子

膨大な絣遺品を収集・分類し、絣産地を実地に調査して絣の技法と文様の変遷を地域別・時代別に跡づけ、明治・大正・昭和の手づくりの染織文化の盛衰を描き出す。　四六判３１０頁 '02

106 **網**（あみ）　田辺悟

漁網を中心に、網に関する基本資料を網羅して網の変遷と網をめぐる民俗を体系的に描き出し、網の文化を集成する。「網に関する小事典」「網のある博物館」を付す。　四六判３１６頁 '02

107 **蜘蛛**（くも）　斎藤慎一郎

「土蜘蛛」の呼称で畏怖される一方「クモ合戦」など子供の遊びとしても親しまれてきたクモと人間との長い交渉の歴史をその深層に遡って追究した異色のクモ文化論。　四六判３２０頁 '02

108 **襖**（ふすま）　むしゃこうじ・みのる

襖の起源と変遷を建築史・絵画史の中に探りつつその用と美を浮彫にし、衝立・障子・屏風等と共に日本建築の空間構成に不可欠の建具となるまでの経緯を描き出す。　四六判２７０頁 '02

109 **漁撈伝承**（ぎょろうでんしょう）　川島秀一

漁師たちからの聞き書きをもとに、寄り物、船霊、大漁旗など、漁撈にまつわる〈もの〉の伝承を集成し、海の道によって運ばれた習俗や信仰の民俗地図を描き出す。　四六判３３４頁 '03

110 **チェス**　増川宏一

世界中に数億人の愛好者を持つチェスの起源と文化を、欧米における膨大な研究の蓄積を渉猟しつつ探り、日本への伝来の経緯から美術工芸品としてのチェスにおよぶ。　四六判２９８頁 '03

111 **海苔**（のり）　宮下章

海苔の歴史は厳しい自然とのたたかいの歴史だった――採取から養殖、加工、流通、消費に至る先人たちの苦難の歩みを史料と実地調査によって浮彫にする食物文化史。　四六判１７２頁 '03

112 **屋根**　檜皮葺と柿葺　原田多加司

屋根葺師一〇代の著者が、自らの体験と職人の本懐を語り、連綿として受け継がれてきた伝統の手わざを体系的にたどりつつ伝統技術の保存と継承の必要性を訴える。　四六判３４０頁 '03

113 **水族館**　鈴木克美

初期水族館の歩みを創始者たちの足跡を通して辿りなおし、水族館をめぐる社会の発展と風俗の変遷を描き出すとともにその未来像をさぐる初の〈日本水族館史〉の試み。　四六判２９０頁 '03

114 古着（ふるぎ） 朝岡康二

仕立てと着方、管理と保存、再生と再利用等にわたり衣生活の変容を近代の日常生活の変化として捉え直し、衣服をめぐるリサイクル文化が形成される経緯を描き出す。四六判２９２頁 '03

115 柿渋（かきしぶ） 今井敬潤

染料・塗料をはじめ生活百般の必需品であった柿渋の伝承を記録し、文献資料をもとにその製造技術と利用の実態を明らかにして、忘れられた豊かな生活技術を見直す。四六判２９４頁 '03

116-I 道 I 武部健一

道の歴史を先史時代から説き起こし、古代律令制国家の要請によって駅路が設けられ、しだいに幹線道路として整えられてゆく経緯を技術史・社会史の両面からえがく。四六判２４８頁 '03

116-II 道 II 武部健一

中世の鎌倉街道、近世の五街道、近代の開拓道路から現代の高速道路網までを通観し、道路を拓いた人々の手によって今日の交通ネットワークが形成された歴史を語る。四六判２８０頁 '03

117 かまど 狩野敏次

日常の煮炊きの道具であるとともに祭りと信仰に重要な位置を占めてきたカマドをめぐる忘れられた伝承を掘り起こし、民俗空間の壮大なコスモロジーを浮彫りにする。四六判２９２頁 '04

118-I 里山 I 有岡利幸

縄文時代から近世までの里山の変遷を人々の暮らしと植生の変化の両面から跡づけ、その源流を記紀万葉に描かれた里山の景観や大和・三輪山の古記録・伝承等に探る。四六判２７６頁 '04

118-II 里山 II 有岡利幸

明治の地租改正による山林の混乱、相次ぐ戦争による山野の荒廃、エネルギー革命、高度成長による大規模開発など、近代化の荒波に翻弄される里山の見直しを説く。四六判２７４頁 '04

119 有用植物 菅 洋

人間生活に不可欠のものとして利用されてきた身近な植物たちの来歴と栽培・育種・品種改良・伝播の経緯を平易に語り、植物と共に歩んだ文明の足跡を浮彫にする。四六判３２４頁 '04

120-I 捕鯨 I 山下渉登

世界の海で展開された鯨と人間との格闘の歴史を振り返り、「大航海時代」の副産物として開始された捕鯨業の誕生以来四〇〇年にわたる盛衰の社会的背景をさぐる。四六判３１４頁 '04

120-II 捕鯨 II 山下渉登

近代捕鯨の登場により鯨資源の激減を招き、捕鯨の規制・管理のための国際条約締結に至る経緯をたどり、グローバルな課題としての自然環境問題を浮き彫りにする。四六判３１２頁 '04

121 紅花（べにばな） 竹内淳子

栽培、加工、流通、利用の実際を現地に探訪して紅花とかかわってきた人々からの聞き書きを集成し、忘れられた〈紅花文化〉を復元しつつその豊かな味わいを見直す。四六判３４６頁 '04

122-I もののけ I 山内昶

日本の妖怪変化、未開社会の〈マナ〉、西欧の悪魔やデーモンを比較考察し、名づけ得ぬ未知の対象を指す万能のゼロ記号〈もの〉をめぐる人類文化史を跡づける博物誌。四六判３２０頁 '04

122-Ⅱ ものの
けⅡ 山内昶
日本の鬼、古代ギリシアのダイモン、中世の異端狩り・魔女狩り等々をめぐり、自然＝カオスと文化＝コスモスの対立の中で〈野生の思考〉が果たしてきた役割をさぐる。四六判280頁 '04

123 染織（そめおり） 福井貞子
自らの体験と厖大な残存資料をもとに、糸づくりから織り、染めにわたる手づくりの豊かな生活文化を見直す。創意にみちた手わざのかずかずを復元する庶民生活誌。四六判294頁 '05

124-Ⅰ 動物民俗Ⅰ 長澤武
神として崇められたクマやシカをはじめ、人間にとって不可欠の鳥獣や魚、さらには人間を脅かす動物など、多種多様な動物たちと交流してきた人々の暮らしの民俗誌。四六判264頁 '05

124-Ⅱ 動物民俗Ⅱ 長澤武
動物の捕獲法をめぐる各地の伝承を紹介するとともに、全国で語り継がれてきた多彩な動物民話・昔話を渉猟し、暮らしの中で培われた動物フォークロアの世界を描く。四六判266頁 '05

125 粉（こな） 三輪茂雄
粉体の研究をライフワークとする著者が、粉食の発見からナノテクノロジーまで、人類文明の歩みを〈粉〉の視点から捉え直した壮大なスケールの〈文明の粉体史観〉 四六判302頁 '05

126 亀（かめ） 矢野憲一
浦島伝説や「兎と亀」の昔話によって親しまれてきた亀のイメージの起源を探り、古代の亀卜の方法から、亀にまつわる信仰と迷信、鼈甲細工やスッポン料理におよぶ。四六判330頁 '05

127 カツオ漁 川島秀一
一本釣り、カツオ漁場、船上の生活、船霊信仰、祭りと禁忌など、カツオ漁にまつわる漁師たちの伝承を集成し、黒潮に沿って伝えられた漁民たちの文化を掘り起こす。四六判370頁 '05

128 裂織（さきおり） 佐藤利夫
木綿の風合いと強靭さを生かした裂織の技と美をすぐれたリサイクル文化として見なおす。東西文化の中継地・佐渡の古老たちからの聞書をもとに歴史と民俗をえがく。四六判308頁 '05

129 イチョウ 今野敏雄
「生きた化石」として珍重されてきたイチョウの生い立ちと人々の生活文化とのかかわりの歴史をたどり、この最古の樹木に秘められたパワーを最新の中国文献にさぐる。四六判312頁［品切］ '05

130 広告 八巻俊雄
のれん、看板、引札からインターネット広告までを通観し、いつの時代にも広告が人々の暮らしと密接にかかわって独自の文化を形成してきた経緯を描く広告の文化史。四六判276頁 '06

131-Ⅰ 漆（うるし）Ⅰ 四柳嘉章
全国各地で発掘された考古資料を対象に科学的解析を行ない、縄文時代から現代に至る漆の技術と文化を跡づける試み。漆が日本人の生活と精神に与えた影響を探る。四六判274頁 '06

131-Ⅱ 漆（うるし）Ⅱ 四柳嘉章
遺跡や寺院等に遺る漆器を分析し体系づけるとともに、絵巻物や文学作品の考証を通じて、職人や産地の形成、漆工芸の地場産業としての発展の経緯などを考察する。四六判216頁 '06

132 **まな板**　石村眞一

日本、アジア、ヨーロッパ各地のフィールド調査と考古・文献・絵画・写真資料をもとにまな板の素材・構造・使用法を分類し、多様な食文化とのかかわりをさぐる。　四六判372頁　'06

133-I **鮭・鱒**（さけ・ます）I　赤羽正春

鮭・鱒をめぐる民俗研究の前史から現在までを概観するとともに、原初的な漁法から商業的漁法にわたる多彩な漁法と用具、漁場と社会組織の関係などを明らかにする。　四六判292頁　'06

133-II **鮭・鱒**（さけ・ます）II　赤羽正春

鮭漁をめぐる行事、鮭捕り衆の生活等を聞き取りによって再現し、人工孵化事業の発展とそれを担った先人たちの業績を明らかにするとともに、鮭・鱒の料理におよぶ。　四六判352頁　'06

134 **遊戯**　その歴史と研究の歩み　増川宏一

古代から現代まで、日本と世界の遊戯の歴史を概説し、内外の研究者との交流の中で得られた最新の知見をもとに、研究の出発点と目的を論じ、現状と未来を展望する。　四六判296頁　'06

135 **石干見**（いしひみ）　田和正孝編

沿岸部に石垣を築き、潮汐作用を利用して漁獲する原初的漁法を日・韓・台に残る遺構と伝承の調査・分析をもとに復元し、東アジアの伝統的漁撈文化を浮彫りにする。　四六判332頁　'07

136 **看板**　岩井宏實

江戸時代から明治・大正・昭和初期までの看板の歴史を生活文化史の視点から考察し、多種多様な生業の起源と変遷を多数の図版をもとに紹介する〈図説商売往来〉。　四六判266頁　'07

137-I **桜I**　有岡利幸

そのルーツと生態から説きおこし、和歌や物語に描かれた古代社会の桜観から「花は桜木、人は武士」の江戸の花見の流行まで、日本人と桜のかかわりの歴史をさぐる。　四六判382頁　'07

137-II **桜II**　有岡利幸

明治以後、軍国主義と愛国心のシンボルとして政治的に利用されてきた桜の近代史を辿るとともに、日本人の生活と共に歩んだ「咲く花、散る花」の栄枯盛衰を描く。　四六判400頁　'07

138 **麴**（こうじ）　一島英治

日本の気候風土の中で稲作と共に育まれた麴菌のすぐれたはたらきの秘密を探り、醸造化学に携わった人々の足跡をたどりつつ醱酵食品と日本人の食生活文化を考える。　四六判244頁　'07

139 **河岸**（かし）　川名登

近世初頭、河川水運の隆盛と共に物流のターミナルとして賑わい、船旅や遊廓などをもたらした河岸（川の港）の盛衰を河岸に生きる人々の暮らしの変遷としてえがく。　四六判300頁　'07

140 **神饌**（しんせん）　岩井宏實／日和祐樹

土地に古くから伝わる食物を神に捧げる神饌儀礼に祭りの本義を探り、近畿地方主要神社の伝統的儀礼をつぶさに調査して、豊富な写真と共にその実際を明らかにする。　四六判374頁　'07

141 **駕籠**（かご）　櫻井芳昭

その様式、利用の実態、地域ごとの特色、車の利用を抑制する交通政策との関連から駕籠かきたちの風俗までを明らかにし、日本交通史の知られざる側面に光を当てる。　四六判294頁　'07

142 **追込漁**（おいこみりょう）　川島秀一
沖縄の島々をはじめ、日本各地で今なお行なわれている沿岸漁撈を実地に精査し、魚の生態と自然条件を知り尽した漁師たちの知恵と技を見直しつつ漁業の原点を探る。　四六判３６８頁　'08

143 **人魚**（にんぎょ）　田辺悟
ロマンとファンタジーに彩られて世界各地に伝承される人魚の実像をもとめて東西の人魚誌を渉猟し、フィールド調査と膨大な資料をもとに集成したマーメイド百科。　四六判３５２頁　'08

144 **熊**（くま）　赤羽正春
狩人たちからの聞き書きをもとに、かつては神として崇められた熊と人間との精神史的な関係をさぐり、熊を通して人間の生存可能性にもおよぶユニークな動物文化史。　四六判３８４頁　'08

145 **秋の七草**　有岡利幸
『万葉集』で山上憶良がうたいあげて以来、千数百年にわたり秋を代表する植物として日本人にめでられてきた七種の草花の知られざる伝承を掘り起こす植物文化誌。　四六判３０６頁　'08

146 **春の七草**　有岡利幸
厳しい冬の季節に芽吹く若菜に大地の生命力を感じ、春の到来を祝い新年の息災を願う「七草粥」などとして食生活の中に巧みに取り入れてきた古人たちの知恵を探る。　四六判２７２頁　'08

147 **木綿再生**　福井貞子
自らの人生遍歴と木綿を愛する人々との出会いを織り重ねて綴り、優れた文化遺産としての木綿衣料を紹介しつつ、リサイクル文化としての木綿再生のみちを模索する。　四六判２６６頁　'09

148 **紫**（むらさき）　竹内淳子
今や絶滅危惧種となった紫草（ムラサキ）を育てる人びとと、伝統の紫根染を今に伝える人びとを全国にたずね、貝紫染の始原を求めて吉野ヶ里におよぶ「むらさき紀行」。　四六判３２４頁　'09

149-I **杉I**　有岡利幸
その生態、天然分布の状況から各地における栽培・育種、利用にいたる歩みを弥生時代から今日までの人間の営みの中で捉えなおし、わが国林業史を展望しつつ描き出す。　四六判２８２頁　'10

149-II **杉II**　有岡利幸
古来神の降臨する木として崇められるとともに生活のさまざまな場面で活用され、絵画や詩歌に描かれてきた杉の文化をたどり、さらに「スギ花粉症」の原因を追究する。　四六判２７８頁　'10

150 **井戸**　秋田裕毅（大橋信弥編）
弥生中期になぜ井戸は突然出現するのか。飲料水など生活用水ではなく、祭祀用の聖なる水を得るためだったのではないか。目的や構造の変遷、宗教との関わりをたどる。　四六判２６０頁　'10